JN013390

Q&Aで解決

化学品のGHS対応
SDSをつくる本

第2版 改正安衛法, JIS Z 7252/7253:2019準拠

吉川治彦 著

丸善出版

第 2 版 の 序 文

　本書は 2019 年に「化学品を取り扱う事業者の SDS への理解を深め，的確な SDS を作成することで，化学品の危険有害性による事故防止の一助となる」ことを目的に刊行しました．しかし，化学品を構成する化学物質による事故や労働災害は後を絶たないことを受け，労働安全衛生法の政省令の改正等が 2023 年から段階的に施行され，ラベル表示，SDS 作成とリスクアセスメントの対象物質の拡大だけでなく，事業者が化学物質を自律的に管理することが必要となりました．そこで，初版発刊後 4 年を経過したのを機会に，最新の法規制を反映した内容に改訂し第 2 版を刊行することとしました．改訂の内容は，労働安全衛生法の政省令の改正だけでなく化管法の政省令等の改正にも対応し，本文の一部も更新しました．

　本書ではまず，実際に起きた化学物質による労働災害事例をあげて，正確な SDS による情報伝達の必要性（第 1 章），的確な SDS の作成に関する法規制，危険有害性の分類方法である GHS の理解（第 2 章），GHS と改正された法規制や JIS 規格の概要，それに準拠した SDS およびラベル作成（第 3 章）について解説しています．第 2 版では，実際の SDS 作成例は QR コードを利用し Web から活用できるようにしました．また，作成する際の疑問に答える Q ＆ A は拡充し（第 4 章），さらに化学物質を自律的に管理していくために必要な安全管理の考え方やこれからの方向性などの知識（第 5 章）を身につけられるよう記載を充実させました．

　本書が，化学品を取り扱う方々にさらに役に立つことになれば幸いです．

　このたびの改訂にあたり，助言，編集などで多大なるご協力を頂きました丸善出版株式会社の長見裕子さんに深く感謝いたします．

2024（令和 6）年 1 月

吉 川 治 彦

初 版 の 序 文

　日本では，多くの化学製品（化学品）が製造，輸入され，また加工を経て流通しています．化学品は，私たちの生活を豊かにし，なくてはならないものとなっていますが，化学品の危険有害性による事故は頻発しています．厚生労働省の事故防止に向けた政策動向によると，職場で用いられる化学品の種類が多様化する中で，化学品を構成する化学物質による労働災害は，毎年 500 件程度発生しており，その原因として有害性によるものが約半数，引火性によるものが約 1/3 を占めています．

　2016 年 6 月から，「労働安全衛生法の一部を改正する法律」（平成 26 年法律第 82 号）による化学物質のリスクアセスメントの実施が義務化されました．一定の危険有害性が確認されている化学物質（現在 673 物質）について，事業者に対して安全データシート（SDS）による危険有害性情報の文書の交付（ラベル表示も義務）と，それらの情報をもとにしたリスクアセスメントの実施が義務付けられました．そのため，化学品を扱う事業者は，主体的に危険有害性およびリスク管理に関する情報を SDS で的確に伝達していくことが重要となりました．

　2017 年に行われた厚生労働省労働安全衛生調査によると，化学品を製造または譲渡・提供している事業所について，製造または譲渡・提供する際の SDS の交付状況について回答があった事業所のうち，すべての製品に SDS を交付している事業所の割合は，労働安全衛生法で交付義務のある物質が 69.1%，義務には該当しないが，危険有害性がある化学物質については 62.6% となり，近年向上しつつあると思われます．

　しかしその一方で，最近では大阪府の印刷工場における塩素系有機溶剤が原因と考えられる胆管がんの多発事故や，福井県の化学工場におけるアミン系化学物質による膀胱がんなどの深刻な労働災害も発生しています．これらの事例の原因物質は，いずれも災害発生当時，労働安全衛生法で SDS の交付義務の

対象物質であったことから，事業者が有害性をある程度予見することができたと思われ，SDS による有害性情報の伝達を的確に行い，事前に事業者がリスクアセスメントを適切に実施することで事故は防ぐことができたと考えられます．

　こうした事例を踏まえ，厚生労働省の第 13 次労働災害防止計画（2018〜22年度）では，「化学品の分類及び表示に関する世界調和システム（GHS：Globally Harmonized System of Classification and Labeling of Chemicals）」による分類の結果，危険性または有害性等を有するとされるすべての化学物質について，ラベル表示と SDS の交付を行っている化学物質の譲渡・提供者の割合を80％ 以上とすることや，化学物質などによる健康障害防止対策の推進が策定され，事業者への危険有害性情報の伝達・提供とリスクアセスメントを促進することが重要課題とされました．すなわち，化学物質の危険有害性に関する情報を適切に伝達し，情報を受けとった事業者はそれを用いてリスクアセスメントを的確に実施し，災害が起きないような対策を主体的に行うことが求められます．化学品は製造，輸入されてから消費者の手に渡るまでの流れの中で，製造，輸入業者からの危険有害性情報を，サプライチェーンの川上側企業から川下側企業へ SDS で的確に伝達されなくてはなりません．しかし，記載の正確な SDS を作成することや混合物の GHS の分類方法の理解は，化学品を扱う事業者の方々にとって難しく，専門性を有する SDS の作成ができる人材が乏しい状況にあると考えられます．

　そこで本書は，化学品を取り扱う事業者が，GHS に対応した SDS を作成する際に遭遇するお困りに答え，改正された「JIS Z 7252:2019 GHS に基づく化学品の分類方法」，「JIS Z 7253:2019 GHS に基づく化学品の危険有害性情報の伝達方法―ラベル，作業場内の表示及び安全データシート（SDS）」に準拠し，より的確な内容の SDS を作成する助けになるように書き下ろしたものです．本書が，化学品を取り扱う皆様の SDS への理解を深め，化学品の危険有害性による事故防止の一助となれば幸いです．

2019（令和元）年 8 月

吉川　治彦

目　　次

4　SDS で陥りやすい問題点とその解決方法　SDS 寺子屋「Q & A 集」　*77*

●SDS 作成全般

5　これからの化学物質管理 *129*

化学物質の事故は
なぜ起こる？

本書の冒頭で述べたように，化学物質による労働災害は，毎年約 500 件程度発生し，有害性によるものが約半数を占めています．厚生労働省の職場のあんぜんサイト[1] にも化学物質による災害事例が多数掲載されていますが，これらの中には，SDS で正確な危険有害性情報が伝達されていれば，必要とされる保護具を適正に使用するなどの対策によって，防ぐことができたと考えられる事例が存在します．本章では，いくつかの化学物質による事故事例を解説します．

印刷工場の塩素系溶媒の胆管がん発症事例[2]

2014 年 3 月，大阪府の印刷会社の事業場で，塩素系溶剤の使用により胆管がんを発症した 16 人に対して労災の請求が行われました．これを受けて厚生労働省が調査を実施した結果，若年齢（25〜45 歳）において非常に高い発生率であり，インクの洗浄剤に含まれていた 1,2-ジクロロプロパンおよびジクロロメタンの作業現場における濃度が，換気の著しく不足した状況で，高濃度になっていたと推測されました．さらに厚生労働省の報告では，毒性のメカニズムは必ずしも明らかになっていませんが，ラットおよびマウスを用いた 1,2-ジクロロプロパンの吸入ばく露試験で腫瘍の発生増加が認められました．また，1,2-ジクロロプロパン，ジクロロメタンの単独または複合ばく露による吸入ばく露試験をマウスで行った結果，単独ばく露の場合は，1,2-ジクロロプロパンはジクロロメタンよりも DNA へ損傷を与える作用が強く，さらに複合ばく露は単独ばく露に比べ DNA への損傷作用が強くなることが判明しました．

この報告によると，当該事業場では 1991 年 4 月から 1996 年 3 月の間は，ジ

クロロメタンと 1,2-ジクロロプロパンの混合溶剤が使用され, 1996 年 4 月から 2006 年 10 月の間は 1,2-ジクロロプロパンのみが使用されています. この当時, ジクロロメタン, 1,2-ジクロロプロパンともすでに労働安全衛生法（安衛法）の文書交付対象物質に指定されており（1,2-ジクロロプロパンは特定化学物質障害予防規則（特化則）, 有機溶剤中毒予防規則（有機則）, 化学物質による健康障害防止指針の対象外）, SDS は提供されていたはずです. 厚生労働省の職場のあんぜんサイト[1]では（当時は MSDS として中央労働災害防止協会から）ジクロロメタン, 1,2-ジクロロプロパンのモデル SDS がそれぞれ公表されています.

モデル SDS には**第 2 項 ─ 危険有害性の要約**に GHS 分類が, またその根拠となる有害性情報が第 11 項に記載されています. **第 11 項 ─ 有害性情報**のうち発がん性分類は, NITE 化学物質総合情報提供システム（NITE-CHRIP）[3]からその見直しの履歴を含め確認することができます. 表 1.1 に両物質の GHS 分類の中で発がん性についての変更履歴を示します.

表 1.1 モデル SDS の発がん性分類の変更履歴

物質名	2006（平成 18）年分類	2008（平成 20）年分類
ジクロロメタン	NTP(2005) で R, IARC (1999) で グ ル ー プ 2B, ACGIH（2001）で A3, EPA(1993) で B2 に分類されているこ とから, 区分 2 とした.	見直しは行われていない.
1,2-ジクロロプロパン	ACGIH(2001) で A4, IARC(1999) でグルー プ 3 に分類されてい ることから区分外と した.	吸入によるがん原性試験の結果, ラットでは, 雌雄に鼻腔腫瘍の発生増加が認められ, がん原性を示す証拠であると考えられた. マウスでは, 雄にハーダー腺の腺腫の発生増加が認められ, 雄に対するがん原性を示唆する証拠であると考えられた. また, 雌に細気管支-肺胞上皮がんを含む肺腫瘍の発生増加が認められ, 雌に対するがん原性を示す証拠であると考えられた（厚生労働省委託癌原性試験, 2005）. 経口によるがん原性試験の結果, ラットでは腫瘍の明らかな増加は認められなかったが, マウスでは雌雄とも肝細胞腺腫と肝細胞がんの発生増加が認められ, がん原性を示す証拠であると考えられた（NTP TR 263, 1988）. 以上より区分 2 とした. なお IARC 71 (1999) がグループ 3, ACGIH-TLV (2001) が A4 に分類しているが, これらの評価には厚労省の試験結果は含まれていない.

　事業者がSDSを作成する際，モデルSDSのGHS分類に準拠して作成する場合が多いことから，ジクロロメタン，1,2-ジクロロプロパンが当該事業場で使用されていた2006年までの期間，当時のSDSには，発がん性のGHS分類としてジクロロメタンは区分2，1,2-ジクロロプロパンは区分外と記載されていたのではないかと推察されます．むしろ1,2-ジクロロプロパンに対しては，発がん性の認識が低く，有機溶剤中毒予防規則に該当しなかったことから，ジクロロメタンの使用を1,2-ジクロロプロパンへ変更した可能性も示唆されます．

　日本産業衛生学会はこの事例を踏まえて，許容濃度の勧告で，1,2-ジクロロプロパンの発がん性を，2014（平成26）年度に第1群（ヒトに対して発がん性があると判断できる物質・要因）に分類しました．これは，この前年の勧告で，校正印刷作業に従事する作業者に対しての発がん性は明らかであり，1,2-ジクロロプロパンおよびジクロロメタンを含む塩素系有機溶剤を使用するオフセット印刷工程にその原因があるとし，「オフセット印刷工程」の発がん分類を第1群とする提案がなされていたことを踏まえたものです．なお，ジクロロメタンについても，2015（平成27）年度，第2群B（証拠が比較的十分でない物質・要因）から暫定第2群A（証拠が比較的十分な物質・要因）へ変更されました．

　このように，モデルSDSは発がん性分類を含めGHS分類結果が段階的に見直されましたが，事業者が自社のSDSの有害性情報を改訂するかどうかの判断は，当時は事業者に任されていました．しかしその後，SDSの通知事項である「人体に及ぼす作用」（有害性の情報）を，定期的（5年以内）に確認し，変更があるときは1年以内に更新し，更新した場合は，SDS通知先に変更内容を通知することを義務化する安衛法の政省令[4]の改正が2023（令和5）年4月1日から施行されました．この改正により事業者によるSDSの有害性情報の迅速な改訂が実施され，このような事故の再発防止につながるものと考えられます．

アミン系物質の経皮ばく露による膀胱がん発症事例[5]

　2015年12月，福井県の染料・顔料の中間体製造工場において，o-トルイジンなどの芳香族アミンを使用していた5名の労働者が，膀胱がんを罹患したと

報道されました．新聞報道では，各労働者の就労期間は 18 年から 24 年で，o-トルイジンをはじめとする芳香族アミンの原料から染料・顔料の中間体を製造する工程において，原料を反応させる作業や，生成物を乾燥させ，製品にする作業に従事していました．作業中は呼吸用保護具を着用し，作業場の換気も行っていたとのことです．

厚生労働省は，労働安全衛生総合研究所（安衛研）に作業実態や発生原因の調査を依頼し，作業環境測定や個人ばく露測定の結果，o-トルイジンをはじめ他の芳香族アミンも職業ばく露限界値（許容濃度）と比べて，気中濃度はきわめて低く，吸入経路のばく露量はきわめて微量であると推察しました．しかし，驚くことに多くの労働者の尿から o-トルイジンが検出されたのです．その原因として次の 3 点が考えられます．

① ゴム手袋を洗浄する際に使用する有機溶剤に o-トルイジンが溶解し，その洗浄液で洗浄したゴム手袋を繰り返し使用していた．

② 夏場の高温時，化学防護性のない半そでの服装で作業を行っていた．

③ o-トルイジンを含む有機溶剤で作業衣が濡れることがあったが，シャワーなどによる身体洗浄は実施していなかった．

さらに，ゴム手袋の下に薄手の手袋を着用し，二重に防護していた作業者の尿からは o-トルイジンは検出されませんでした．これらの状況から，手袋の洗浄および再利用により，手袋の内側が o-トルイジンに汚染された状態で着用することで，長期間にわたって労働者の手の皮膚を介して o-トルイジンが吸収（経皮ばく露）された可能性が示唆されました．なお，作業場の気中濃度は許容濃度に比べて十分に低く，吸入経路でのばく露の可能性は非常に低いことから，経皮経路のばく露が健康障害の主な原因であると考えられます．

この事例から o-トルイジンは，皮膚からの吸収・ばく露によって重大な健康障害を引き起こす可能性があることが明らかになり，「労働安全衛生法施行令の一部を改正する政令」（平成 28 年政令第 343 号）および「特定化学物質障害予防規則及び労働安全衛生規則の一部を改正する省令」（平成 28 年厚生労働省令第 172 号）がそれぞれ 2016 年 11 月 2 日，11 月 30 日に公布，2017 年 1 月 1 日から施行され，特定第二類物質，特別管理物質に追加されました．これを受けて厚生労働省から基発 1130 第 4 号が 2016 年 11 月 30 日に公表され，皮膚

表 1.2　特化則第 44 条第 2 項に掲げられた経皮吸収のおそれのある化学物質

【第 1 類物質】

ジクロルベンジジンおよびその塩，塩素化ビフェニル（別名 PCB），*o*-トリジンおよびその塩，ベリリウムおよびその化合物，ベンゾトリクロリド

【第 2 類物質】

アクリルアミド，アクリロニトリル，アルキル水銀化合物（アルキル基がメチル基またはエチル基であるものに限る），エチレンイミン，*o*-トルイジン，*o*-フタロジニトリル，クロロホルム，シアン化カリウム，シアン化水素，シアン化ナトリウム，四塩化炭素，1,4-ジオキサン，3,3′-ジクロロ-4,4′-ジアミノジフェニルメタン，ジクロロメタン（別名 二塩化メチレン），ジメチル-2,2-ジクロロビニルホスフェイト（別名 DDVP），1,1-ジメチルヒドラジン，臭化メチル，水銀およびその無機化合物（硫化水銀を除く），スチレン，1,1,2,2-テトラクロロエタン（別名 四塩化アセチレン），テトラクロロエチレン（別名 パークロルエチレン），トリレンジイソシアネート，ナフタレン，ニトログリコール，*p*-ニトロクロロベンゼン，弗化水素，ベンゼン，ペンタクロロフェノール（別名 PCP），シクロペンタジエニルトリカルボニルマンガンまたは 2-メチルシクロペンタジエニルトリカルボニルマンガン，沃化メチル，硫酸ジメチル

障害防止用保護具に係る規格として，JIS T 8115（化学防護服），JIS T 8116（化学防護手袋），JIS T 8117（化学防護長靴），JIS T 8147（保護めがね）などを参考に保護具を選択・使用することが定められました．

　日本産業衛生学会では，"皮膚と接触することにより，経皮的に吸収される量が全身への健康影響または吸収量からみて無視できない程度に達することがあると考えられる物質"を「許容濃度等の勧告」[6] のなかでリストアップ（「皮」と表示）しています．このリストの中で安衛法の特化則に該当する物質について，厚生労働省は経皮吸収のおそれがある物質として 2016 年 11 月 30 日公布の改正特化則第 44 条第 2 項で公表しました（表 1.2）．

　この事例は，化学品による経皮ばく露を正しく理解し，適切な防護策を SDS などで情報伝達することがきわめて重要であることを示唆しています．SDS によって，取扱う物質が皮膚からの吸収・ばく露のおそれがある物質かどうかの情報を得ることが重要です．

　日本産業衛生学会で「皮」としてリストアップされた物質や，安衛法の特化則で示された経皮吸収のおそれがある物質（表 1.2）だけでなく，ACGIH（p. 41）の許容濃度に Skin（Notation）の表示がある物質，SDS の **第 2 項 ― 危険有害性の要約**で，GHS に基づく分類結果の「急性毒性（経皮）」「皮膚腐食性／刺激性」「皮膚感作性」に区分がついている物質も，経皮吸収によるばく露を考慮する必要があると考えられます．また，これらの区分に該当しなくても，

SDS の**第 11 項 — 有害性情報**に経皮吸収に関する情報が記されている場合，事故防止の観点から経皮吸収によるばく露に注意することが肝要であると思われ，SDS による当該化学物質を防護できる保護具の材質などの情報の伝達が望まれます。

こうしたことを踏まえ，安衛法の政省令の改正に伴う基安化発 0531 第 1 号[7]が公表され，想定される用途において吸入または皮膚や眼との接触を保護具で防止することを想定した場合に必要とされる保護具の種類を SDS に記載することが必要となりました。適切な保護具を着用することによって事故の防止につながると考えられます。また，安衛法の政省令の改正では，皮膚等障害化学物質等[8]（皮膚刺激性有害物質，皮膚吸収性有害物質）を製造または取扱う業務に労働者を従事させるときは，当該労働者に不浸透性の保護衣，保護手袋，履物または保護眼鏡など適切な保護具を使用させることも義務化されました（2024（令和 6）年 4 月 1 日から施行）。これらに該当する化学物質は，SDS に情報を記載して伝達することになります。

廃棄薬品からのホルムアルデヒドの水道水混入事例[2]

2012 年 5 月中旬，利根川水系の浄水場においてホルムアルデヒドが水質基準値を超えて検出され，利根川を水道水の水源とするいくつかの地域では取水ができなくなる事態が発生しました。厚生労働省および環境省の報告では，この原因はヘキサメチレンテトラミン（HMT）の分解によるもので，HMT を含む産業廃棄物が利根川に放流され，浄水場の浄水処理過程で注入する次亜塩素酸と反応し，ホルムアルデヒドを生成したと考えられます。この事故の原因として考えられることは，廃棄物を委託された処理業者が，HMT を含有する廃棄物であることを情報として伝えられておらず，そのために産業廃棄物としての処理が正しく行われず，HMT を含有する処理水が河川へ排出されたものと推察されました。

法規制の観点から考えると，HMT は，特定化学物質の環境への排出量の把握等及び管理の改善の促進に関する法律（化管法）の第一種指定化学物質に該当しますが，この法規制では，排出・移動量報告と SDS の提供義務を規定しており，排出基準はありません。なお水質汚濁防止法では，この物質につい

て，当時規制はありませんでしたが，その後，2012 年 10 月 1 日に指定物質（対象物質の漏洩などにより水質事故が発生，あるいはそのおそれが生じたときは，事業者は，ただちに応急の措置を講ずるとともに，県（または政令市）に届け出る義務がある物質）となりました．

また，廃棄物としての法規制にもこの物質に対する規定がなく，化管法では廃棄物に対しては SDS の提供義務そのものがありません．「廃棄物の処理及び清掃に関する法律（廃棄物処理法）」では，排出事業者は，産業廃棄物の処理を委託する際に，その性状や取り扱う際の注意事項などの必要な情報を処理業者へ提供しなければならないことが定められています．環境省は，情報提供が十分に行われない場合は，処理業者における適正処理や安全性の確保だけでなく，法令遵守が困難となる可能性や水道水質の汚濁など生活環境保全上の支障を招くおそれがあるとして，「廃棄物情報の提供に関するガイドライン」[9] を策定し，排出事業者が処理業者に情報提供すべき項目を記載し廃棄物データシート（WDS）を作成することを推奨しています．

この事例を受けて，環境省は，2013 年 6 月に「廃棄物情報の提供に関するガイドライン」[9] を改訂し，内容物や注意すべき特性を明示するよう情報伝達の改善を行いました．改訂されたガイドラインの第 2 版では，化管法指定化学物質に該当する場合には，その物質名を記載することやホルムアルデヒドを生成しやすい物質（HMT のほかに，1,1-ジメチルヒドラジン（DMH），N,N-ジメチルアニリン（DMAN）など，合計 8 物質（p. 26））を明記することとし，「消防法危険物」「安衛法の特化則や有機則に該当する物質」「毒物及び劇物取締法」の毒物や劇物などを廃棄物が含有する場合には記載することとされました．今後は，廃棄物の排出業者と処理業者の双方向コミュニケーションを図るため，WDS で情報を伝達することが重要であると考えられます．

WDS を補完するためには SDS による情報伝達を行うことで，排出事業者と処理業者が双方でコミュニケーションをとることが望ましいといえます．この事例のように，事業者がサプライチェーン全体をとおしての化学物質管理を行ううえで，廃棄段階での分解物についての情報を得ることが重要となる場合があります．化学品の分解物も含めた危険有害性に関する情報をある程度，網羅的に記載した情報源から得て，SDS や WDS に，廃棄する際に必要となる情報として記載することが望まれます．分解性について適切な記載を行った SDS

や WDS が提供されれば，当該物質に関する必要な情報が伝達され，その情報に基づく正しい処理が行われれば，このような事故は起こらなかったかもしれません．

第 I 章参考資料

1) 厚生労働省，職場のあんぜんサイト，http://anzeninfo.mhlw.go.jp
2) 吉川治彦，*MATERIAL STAGE*，**17**(7)，70（2017）．
3) 製品評価技術基盤機構，NITE 化学物質総合情報提供システム（NITE-CHRIP），https://www.nite.go.jp/chem/chrip/chrip_search/systemTop
4) 厚生労働省，労働安全衛生法の新たな化学物質規制（労働安全衛生法施行令の一部を改正する政令等の概要），https://www.mhlw.go.jp/content/11303000/000945523.pdf
5) 田中 茂，"皮膚からの吸収・ばく露を防ぐ！ ―オルト-トルイジンばく露による膀胱がん発生から学ぶ―"，中央労働災害防止協会（2017）．
6) 日本産業衛生学会，産業衛生学雑誌，**65**(5)，268（2023）．https://www.sanei.or.jp/files/topics/oels/oel_2023.pdf
7) 基安化発 0531 第 1 号（令和 4 年 5 月 31 日） https://jsite.mhlw.go.jp/aichi-roudoukyoku/content/contents/001165627.pdf
8) 厚生労働省，皮膚等障害化学物質に係る省令改正内容等について，https://www.mhlw.go.jp/content/11305000/Lecture1_document.pdf；https://www.mhlw.go.jp/content/11300000/001165500.pdf
9) 環境省 大臣官房廃棄物・リサイクル対策部，廃棄物情報の提供に関するガイドライン，http://www.env.go.jp/recycle/misc/wds/main.pdf

❖❖❖　**コ ラ ム**　❖❖❖

ネイチャーライティングとは？

米国では，1980 年代以降，人間と自然環境の関係をテーマとした作品が，文学研究の対象となりました．ネイチャーライティングは，自然と人間との関わりを省察（自ら省みて考える）する一人称形式によるノンフィクションを指し，環境文学の一分野に含まれます．

1950 年代　米国農村部で，農薬の過剰使用による生態系への深刻な影響が発生
1962 年　　Rachel Carson（レイチェル・カーソン）が『沈黙の春』を出版
1975 年　　有吉佐和子が『複合汚染』を出版
1996 年　　Theo Colborn（シーア・コルボーン）らが『奪われし未来』を出版

作品名	テーマ	内　容
沈黙の春	環境汚染の問題提起	DDT などの殺虫剤による急性毒性の影響と湖沼などの生態系における食物連鎖をとおした殺虫剤の生物蓄積による影響
複合汚染	環境汚染の実態	DDT や PCB などの有害汚染物質の海産物などへの生物蓄積による食品への影響
奪われし未来	化学物質の環境ホルモン（内分泌かく乱）作用問題の発端	PCB などの残留性有機汚染物質（POPs）の長距離移動と生物蓄積による世代を超えた生殖への影響

これらの作品は，合成化学物質の生態系への影響について警鐘を鳴らし，未然防止の考えが，欧州へ広がりました．その後，1992 年のリオ宣言には「予防的な取組み」が謳われました．

❖❖❖

✛✛✛ コ ラ ム ✛✛✛✛✛✛✛✛✛✛✛✛✛✛✛✛✛✛✛✛✛✛✛✛✛✛✛✛✛✛✛✛✛✛✛✛✛

GHS の絵表示はたくさんあった？

GHS の絵表示（シンボル）は，全部で 9 種類あります．

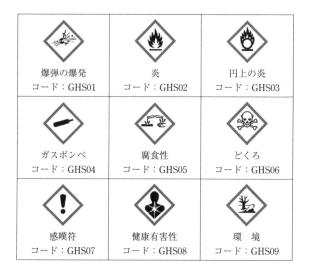

爆弾の爆発 コード：GHS01	炎 コード：GHS02	円上の炎 コード：GHS03
ガスボンベ コード：GHS04	腐食性 コード：GHS05	どくろ コード：GHS06
感嘆符 コード：GHS07	健康有害性 コード：GHS08	環　境 コード：GHS09

　絵表示にはそれぞれ名称があり，SDS には絵表示の代わりに名称（どくろなど）を記載することでもよいとされています（ラベルに名称は不可）．なお，JIS Z 7253：2019 でコード（GHS 01〜09）が追加されましたが，コードは通常 SDS やラベルに記載する必要はありません．

　GHS 勧告の検討の初期段階では，絵表示は項目ごとにそれぞれ描く構想もあったようです．しかし，そうすると，絵表示の数が多くなりすぎて，製品によってはラベルが絵表示だらけになってしまうため，9 種類に集約されました．その結果，複数項目に該当しても絵表示が 1 つのこともあるのです（絵表示の数と危険有害性の重篤さは比例しないこともあるのです）．

✛✛✛

化学品の情報を伝える
SDS と GHS

　SDS は，化学品の安全性に関する情報を伝達するデータシートです．本章
では，SDS の作成や交付（提供）を規定している法規制，SDS に記載する化
学品の危険有害性の分類方法である GHS の概要を解説します．GHS 分類に準
拠した SDS を作成し，化学品の危険有害性（ハザード）情報の伝達が的確に
実施されれば，事故の減少につながると考えられますが，SDS の作成や GHS
分類の実施は，事業者の方々にとって少し難しいとの声も聞かれます．SDS
の作成と GHS 分類の実施にはどのような問題点があるのか見ていきましょう．

SDS は化学品のハザードコミュニケーション

　SDS は，化学物質またはそれらの混合物からなる化学品の安全性に関する
情報（製品名，危険有害性，成分および組成，取扱い上の注意など，16 項目）
を記載したデータシートです．化学品を取り扱う方々の安全性を確保するため
の情報を化学品の提供者から受領者へ提供する役割を担い，作業現場において
化学品を安全に使用するための情報源として活用されています．さらに，化学
品がサプライチェーンを川上側企業から川下側企業へ移動していく際の企業間
の情報伝達ツールとしての機能も有しています．つまり，川下側企業は SDS
をとおして，川上側企業から譲渡された化学品の情報を的確に入手することが
できるのです（図 2.1）.

　SDS は，どのような経緯で始まったのでしょうか．化学品が自らを語って
その使用者とコミュニケーションをとることは残念ながらありません．した
がって，使用する化学品がどんな危険有害性をもつか，何らかの方法で伝達す
る方策を工夫する必要があります．

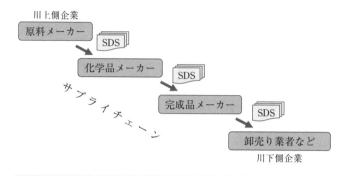

図2.1 SDS による安全性情報の伝達

1990 年 6 月, 国際労働機関 (ILO：International Labour Organization) は, 「職場における化学物質の使用における安全に関する条約」(ILO 170 号条約) を採択するとともに, 「職場における化学物質の使用の安全に関する勧告」(ILO 177 号勧告) を決議しました. この条約と勧告は, 有害な化学品から労働者を保護するために, 使用者が職場で使用する化学品に関する情報を労働者に提供することを定め, この目的を達成するために安全性を記載したデータシートを用いることを義務づけたのです. さらに, 化学品を分類し, 絵表示やラベルで表示することが, 化学品の供給者の責任とされました.

アジェンダ21 と GHS の誕生

化学品を分類し, 絵表示やラベルで表示するという ILO 177 号勧告を受け, 以降の化学物質管理の方針づけがなされた重要な会議が, 1992 年にブラジルのリオデジャネイロで開催された「環境と開発に関する国連会議 (地球サミット)」です. この会議では, 21 世紀に向けて, 人類が地球上において環境と調和しつつ繁栄を続けていくために必要な行動計画であるリオ宣言「アジェンダ21」(持続可能な開発のための人類の行動計画) が採択されました. アジェンダ21 では, 第 19 章「有害化学物質の適正管理」において, 化学物質管理につ

いて記載されており，AからFまでの6つの作業分野を策定し，その中の1つ
のB分野「化学物質の分類と表示の調和」第27条において，SDSおよび調和
された分類表示システム（後にGHSとなるもの）を2000年までに利用可能
とすることが目標とされました．

　アジェンダ21から10年を経た2002年には，南アフリカ共和国のヨハネス
ブルグにおいて持続可能な開発に関する世界首脳会議（WSSD：World Sum-
mit on Sustainable Development）が開催されました．この会議では，アジェン
ダ21策定後のより具体的な目標として，「持続可能な開発に関する世界首脳会
議実施計画」（WSSD 2020年目標）が策定され，その第23条（c）項では，国
連加盟各国は，調和された化学品の分類表示システムを，2008年までに自国
の制度に導入するという目標が掲げられました．

　このような動きを受け，2003年に国連から，GHS（化学品の分類及び表示
に関する世界調和システム）が勧告として公表されました．GHSの主な目的
は，次の2点を実施することです．

　① 化学品に固有な危険有害性分類基準の国際的な調和
　② 危険有害性のSDSおよびラベル表示からなる情報伝達手段の統一

GHS の 概 要

　GHSは，化学品の危険有害性を作業者，輸送関係者，救急応対者，消費者
（日本の法規制では消費者は除外されています）へ適切に伝達するためのシス
テムであり，すべての化学品（単一の化学物質だけでなく，希釈液など混合物
も含む）に適用されます．GHSには，前述のように危険有害性ごとの分類基
準と情報伝達手段(SDS, ラベル)が含まれ，危険有害性は，物理化学的危険性,
健康有害性，環境有害性の3つそれぞれにクラスが定められています(表2.1).
表2.1に示す危険有害性クラスごとに，GHSで定められた基準に合致した場
合，区分の数値などを付与し，区分の数値が小さいほど，より危険有害性の程
度は高いことを示します．危険有害性の程度である分類基準に基づく分類結果
を作業者などに伝達するため，SDSとラベル表示に使用する絵表示や危険有
害性を表す文言など要素（ラベル要素）を定めています．ラベル要素のうち，
注意喚起語，危険有害性情報および絵表示はGHS分類の結果に応じて割り当

表 2.1 JIS Z 7253:2019 による GHS の危険有害性クラス

危険有害性	危険有害性クラス		絵表示
物理化学的危険性	1. 爆発物 2. 可燃性ガス 3. エアゾール 4. 酸化性ガス 5. 高圧ガス 6. 引火性液体 7. 可燃性固体 8. 自己反応性化学品 9. 自然発火性液体	10. 自然発火性固体 11. 自己発熱性化学品 12. 水反応可燃性化学品 13. 酸化性液体 14. 酸化性固体 15. 有機過酸化物 16. 金属腐食性化学品 17. 鈍性化爆発物	
健康有害性	1. 急性毒性 2. 皮膚腐食性/刺激性 3. 眼に対する重篤な損傷性/眼刺激性 4. 呼吸器感作性又は皮膚感作性 5. 生殖細胞変異原性 6. 発がん性	7. 生殖毒性 8. 特定標的臓器毒性（単回ばく露） 9. 特定標的臓器毒性（反復ばく露） 10. 誤えん有害性	
環境有害性	1. 水生環境有害性 短期（急性） 2. 水生環境有害性 長期（慢性） 3. オゾン層への有害性		

表 2.2 JIS Z 7253:2019 による急性毒性（経口）のラベル要素

ラベル要素	区分 1	区分 2	区分 3	区分 4
注意喚起語	危険	危険	危険	警告
危険有害性情報	飲み込むと生命に危険	飲み込むと生命に危険	飲み込むと有毒	飲み込むと有害
絵表示				

てられます．JIS Z 7253:2019 による急性毒性（経口）の各区分に応じたラベル要素を表 2.2 に示します．このように，GHS 分類の区分づけされた結果に応じた表示要素（ラベル要素）を SDS，ラベルに記載することによって，これまで各国ごとに異なっていた SDS やラベルの様式を統一することが可能になりました．なお，GHS では，分類基準に従っていずれかの危険有害性の区分に該当する化学品について，SDS が提供されるべきであるとされています．

さらに，表 2.2 に示したラベル要素のほかに，区分に応じた注意書きも SDS やラベルに記載します．また，区分に該当しても絵表示がつかない（例

えば引火性液体の区分 4）場合もあります．

GHS を理解するうえで重要なポイント

GHS を理解するうえで，重要な 3 つのポイントがあります．

① 危険有害性（ハザード）情報の伝達である

2002 年の持続可能な開発に関する世界首脳会議（WSSD）において，2008 年までに GHS を自国の制度に導入するという目標が掲げられましたが，この会議ではさらに，2020 年までに，「予防的取組方法に留意しつつ，化学物質のリスク評価手順を用いて，化学物質が人と環境にもたらす悪影響を最小化する方法で使用，生産されることを達成する」との WSSD 2020 年目標が設定されました．すなわち化学物質は，これまでの法規制による管理から，有害性や摂取量を考慮したリスク評価（アセスメント．一般にリスクの大きさは，有害性×ばく露量で表される）による管理へ変わることが目標とされたのです．化学物質のリスク評価では，まず危険有害性情報の伝達が必要となりますが，GHS がその危険有害性情報の伝達を担っているのです．つまり，GHS の赤色の枠の絵表示は，リスクではなく危険有害性情報のみを伝達しており，リスクは，その物質のばく露量などを勘案して判断することになるということが重要な点です．

② 入手可能な情報（既存情報）を用いて分類する

GHS では，動物愛護の精神が貫かれており，分類のために新たな安全性試験は要求されません．ということは，安全性情報がなければ分類はできません．つまり，情報がなく分類結果が示されていない場合，区分の記載がないからといって，その化学品が安全であるということにはなりません．さらに，同じ化学物質でも分類に使用する情報が異なる場合や，分類の判断が異なると分類結果が異なります．このことが，事業者の悩みの種となることがあります．ただし，新たな試験が要求されないのは有害性項目であり，引火性液体などの危険性については，試験を実施し，GHS の分類を確定することが望まれます．

③ **各国，地域の状況に応じて，部分的に導入されている**

　GHS には選択可能方式（building block approach）が認められており，国や地域によって，採用している GHS の内容の一部が異なる場合があります．例えば，米国では HCS（危険有害性周知基準），EU では CLP 規則というように，それぞれの国や地域に準拠した GHS によって分類されます．さらに，SDS に記載する化学品に関連する法規制，労働環境の許容濃度なども SDS を提供する国や地域での情報を記載する必要があります．また，SDS の作成，提供が必要となる化学品も国や地域により異なるので注意が必要です．このため，化学品を海外に流通させる場合（その逆で化学品を輸入する場合も），単純な翻訳だけではなく相手国（輸入の場合は日本）の法規制や GHS の分類基準，SDS の記載要求項目を満たしていることが必要となります．

日本の SDS と GHS の歴史

　日本では，1992～1993 年に，当時の通商産業省，労働省，厚生省によって「化学物質等の危険有害性等の表示に関する指針」および「化学物質の安全性に係る情報提供に関する指針」が告示され，SDS 制度が行政指導として開始されました．また，工業会の取組みとして，日本化学工業協会が 1992 年に「製品安全データシートの作成指針」を作成し，さらに，2005 年には GHS に対応した JIS（日本産業規格）である JIS Z 7250:2005（化学物質等安全データシート（MSDS）*—第 1 部：内容及び項目の順序）が制定されました．国際的にも ISO（国際標準化機構：International Organization for Standardization）が定めた ISO 11014-1:1994（Safety data sheet for chemical products — Part 1: Content and order of sections）が GHS 対応の ISO 11014:2009（Safety data sheet for chemical products — Content and order of sections）に改められ，SDS の標準書式となりました．なお，ISO および JIS による SDS の記載項目は一致しています．表 2.3 に ISO 11014:2009 および JIS Z 7253:2019 による SDS 記載項目の比較を示します．なお，JIS Z 7253:2019 では，これらの項目の番号，項目名，順序を変更してはならないとされています．

---

* 　日本では，SDS は，以前 MSDS（material safety data sheet）とよばれていましたが，JIS Z 7250 が JIS Z 7253 に改められた 2012 年に MSDS は SDS に改称されました．

表 2.3　ISO 11014:2009 および JIS Z 7253:2019 による SDS 記載項目の比較

	ISO 11014：2009 による SDS 記載項目	JIS Z 7253：2019 による SDS 記載項目
1	Chemical product and company identification	化学品及び会社情報
2	Hazards identification	危険有害性の要約
3	Composition/information on ingredients	組成及び成分情報
4	First-aid measures	応急措置
5	Fire-fighting measures	火災時の措置
6	Accidental release measures	漏出時の措置
7	Handling and storage	取扱い及び保管上の注意
8	Exposure controls and personal protection	ばく露防止及び保護措置
9	Physical and chemical properties	物理的及び化学的性質
10	Stability and reactivity	安定性及び反応性
11	Toxicological information	有害性情報
12	Ecological information	環境影響情報
13	Disposal considerations	廃棄上の注意
14	Transport information	輸送上の注意
15	Regulatory information	適用法令
16	Other information	その他の情報

日本の SDS と GHS を規定している法規制

現在，日本における SDS 制度は，SDS 三法とよばれる 3 つの法規制により制度化されており，それぞれ対象物質が指定されています．

・労働安全衛生法（安衛法）
・特定化学物質の環境への排出量の把握等及び管理の改善の促進に関する
　法律（化管法）
・毒物及び劇物取締法（毒劇法）

SDS 三法の対象物質は SDS 作成が義務であり（安衛法は GHS 対応も義務），それ以外の物質は行政指導となっています．行政指導では，告示別表に示された危険有害性の分類基準に該当するもの，つまり，GHS 分類結果が注意喚起語（危険，警告）相当である場合，該当する化学物質について SDS を作成することになっています．

　SDS 三法では，それぞれ SDS の作成が必要となる対象物質を公表しており，混合物については，三法の該当物質が SDS を作成する濃度（表 3.5, p. 33）以上含まれる場合，SDS の作成，提供が義務となります．なお，この濃度は SDS 三法の該否の濃度とは異なることに注意する必要があります（法規制の規定があればそれを優先します）．

　SDS 三法に該当する物質は SDS，およびラベルにおいて法規制ごとに規定があるため，もう少し詳しく解説します．

　安衛法は，1972（昭和 47）年に制定された法律で，労働者の安全と健康の確保，快適職場の形成を目的としています．文書交付対象物質（SDS 作成，提供が義務），表示対象物質（ラベルによる表示が義務）は，2024（令和 6）年 4 月に 234 物質が追加され 896 物質となり，その後毎年追加が予定されています（閾値は物質ごとに決まっており，GHS による情報伝達が義務です）．

施行年	2024	2025	2026	2027	2028	2029
国による新規 GHS 分類，モデルラベル，SDS 作成	50〜100 物質	50〜100 物質	50〜100 物質	50〜100 物質	50〜100 物質	50〜100 物質
ラベル表示・SDS 作成・リスクアセスメント義務追加	234 物質	約 640 物質	約 780 物質	150〜300 物質	50〜100 物質	50〜100 物質

　2016（平成 28）年 6 月から，「労働安全衛生法の一部を改正する法律」（平成 26 年法律第 82 号）による化学物質のリスクアセスメントの実施が義務化されました．これまでは事業者の自主性に委ねられていたリスクアセスメントを，文書交付対象物質（表示対象物質）を扱う事業者が主体的にこれらの物質（リスクアセスメント対象物）について行うことが求められ，そのための危険有害性およびリスク管理に関する情報を SDS，ラベルで的確に伝達，共有していくことが必要となりました．さらに，文書交付対象物質（表示対象物質，リスクアセスメント対象物）を拡大し，リスクアセスメント対象物の製造，取扱い，譲渡または提供を行う事業場ごとに化学物質管理者の選任を義務化する安衛法の政省令の改正[1] が 2023（令和 5）年から段階的に施行されました．事業者は，危険有害性の情報に基づくリスクアセスメントの結果に基づき，国の定める基準などの範囲内で，ばく露防止のために講ずべき措置を適切に実施（「自律的な管理」と呼称）することが必要になりました．

　化管法は，事業者による化学物質の自主的な管理の改善を促進し，環境の保

表 2.4　各法規制で SDS に記載する項目の相違

SDS の項目 (JIS Z 7253：2019 準拠)	安衛法	化管法	毒劇法
1. 化学品及び会社情報	記載（毒劇法は毒物劇物営業者）		
2. 危険有害性の要約	GHS 対応	GHS 対応 （努力義務）	GHS 対応の 記載を奨励
3. 組成及び成分情報	名称，成分，含有量（化管法は有効数字 2 桁で記載）		
4. 応急措置	記載	記載	記載
5. 火災時の措置	記載	記載	記載
6. 漏出時の措置	記載	記載	記載
7. 取扱い及び保管上の注意	記載	記載	記載
8. ばく露防止及び保護措置	記載	記載	記載
9. 物理的及び化学的性質	記載	記載	記載
10. 安定性及び反応性	記載	記載	記載
11. 有害性情報	記載	記載	記載
12. 環境影響情報	—	記載	—
13. 廃棄上の注意	—	記載	記載
14. 輸送上の注意	—	記載	記載
15. 適用法令	記載	記載	毒劇物の別
16. その他の情報	出典などを記載		

全上の支障を未然に防止することを目的とした法律で，略称で PRTR 法ともよばれます．化管法の政省令[2)] は 2023（令和 5）年 4 月に第一種指定化学物質および第二種指定化学物質の見直しが行われ，計 649 物質に改正施行されました．SDS の提供による情報伝達が義務で，ラベル表示は努力義務ですが，閾値は 1.0 wt％ 以上（特定第一種は 0.1 wt％ 以上）であり GHS に準拠することが努力義務とされています．

　毒劇法は，特定毒物，毒物および劇物に指定された物質（計約 600 品目）を取り扱う事業所に，保健衛生上の観点より規制がなされています．SDS，ラベルによる情報伝達は義務で，GHS に準拠することが奨励されています．上限値や除外が規定されていない製剤は，不純物でなければ閾値はありません．

　これら SDS 三法に該当する場合，SDS は，JIS Z 7253：2019 に従って作成することになりますが，法規制ごとに定められた記載必須項目の相違があります（表 2.4）．JIS Z 7253：2019 で規定されている 16 項目をすべて記載すれば，い

ずれの法規制にも対応した SDS を作成することができますが，法規制ごとに若干の違い（例えば，**第 3 項 ― 組成及び成分情報**で成分の含有量の記載は，化管法では有効数字 2 桁とするなど）があることに注意が必要です（後述）.

　SDS 三法に該当する化学品を供給する事業者は，法規制による違いはあるものの自らの責任で化学品の危険有害性について GHS 分類を行い，その結果を SDS やラベル表示に反映させる必要があります．さらに，作成した SDS やラベルの適切な修正も重要です．日本の法規制では，SDS の内容に変更があった場合，速やかに修正版を提供することとされていますが，SDS の通知事項である「人体に及ぼす作用」（有害性の情報）を定期的（5 年以内）に確認し，変更があるときは 1 年以内に更新，更新した場合は，SDS 通知先に変更内容を通知することを義務化する安衛法の政省令の改正が 2023（令和 5）年 4 月 1 日から施行されました．このように，新たに有害性が判明した場合など，SDS はリスクアセスメントの基礎情報であるため迅速な修正が望ましいと考えられます．

SDS の現状と問題点

　化学品を扱う事業者は，危険有害性およびリスク管理に関する情報を SDS で的確に伝達していくことが望まれます．本書の冒頭で述べた，2017 年の厚生労働省労働安全衛生調査では，化学品を製造または譲渡，提供している事業所では，製造または譲渡，提供する際に 6～7 割の事業所が SDS を提供しています．しかし，事業者は高品質の SDS を問題なく作成できているのだろうかという疑問が生じます．同じ 2017 年に経済産業省は，化管法施行状況調査[3]を実施し，化管法の SDS 対象事業者の SDS 作成に対する状況を調査しました．表 2.5 にその SDS，ラベル作成における課題についてのアンケート結果を示します．

　この結果によると，企業規模による違いはありますが，約半数の企業が，SDS 作成や GHS 分類が困難であると回答しています．特に，「原材料などについて提供元からの情報が不十分であることから自社製品の SDS などの作成が困難である」「原材料などのデータは入手できるが，混合物として GHS 分類することが困難である」との回答の割合が高いことから，川上側企業からの

表 2.5　SDS，ラベル作成における課題（%）

	企業規模		
	小規模企業	中小企業	大企業
原材料などについて提供元からの情報が不十分であることから自社製品の SDS などの作成が困難である	17.9	11.5	19.4
一般的に利用可能なデータベースなどから作成に必要な情報を得るのが困難である	7.3	11.5	9.2
提供される情報における物質名を自社の物質名との対応づけが困難である	8.9	4.9	2.0
原材料などのデータは入手できるが，混合物として GHS 分類することが困難である	24.4	14.2	17.3
特に困難なことはない	30.9	41.5	39.8
その他	10.6	16.4	12.2

提供情報が限られており SDS の作成が困難なことや，情報は入手できても混合物としての GHS 分類が難しいことが，問題点として判明しました．

　また，SDS，ラベルの作成に関する教育の実施状況についてのアンケート結果も行われています（表 2.6）．この結果によると，小～中小規模の企業では，約 3～4 割の企業が SDS およびラベルの作成に関する教育を実施していないと回答しています．

　さらに，2015 年度に株式会社環境計画研究所が実施した化学物質安全対策（PRTR 制度，SDS 制度に関する調査）報告書[4] によると，作成する SDS の信頼性や品質について行われたアンケート調査（表 2.7）では，複数の担当者による確認などを行う体制をもつ事業者は，回答事業所数の 3 割程度であり，約

表 2.6　SDS，ラベルの作成に関する教育の実施状況（%）

	企業規模		
	小規模企業	中小企業	大企業
社内で研修制度を設けている	5.8	5.8	9.9
外部のセミナー・研修などに参加させている	8.7	12.3	19.8
所定の教育は実施していないが，社内の業務経験を通じて知識を得ている	35.9	41.9	46.9
特に教育などは実施していない	40.8	34.2	19.8
その他	8.7	5.8	3.7

表 2.7 作成する SDS などの質の管理方法

回答内容	回答数
入手した SDS やデータの精査や作成内容の確認を複数の担当者で行うなど，社内で体系化	27
社内外のガイドラインに基づき作成することで信頼性確保	42
外部委託により信頼性確保	4
その他	6
合　計	79

5 割の事業者は，社内外のガイドラインに基づき SDS を作成することで信頼性や品質の管理を行っていると考えられます（この調査の回答では企業規模の傾向の違いはみられませんでした）．なお，「その他」の主な内容は「実質的な質の管理が行われていない（3 件）」との結果でした．

　この調査における SDS の品質の担保についての自由回答の意見では，「GHS 分類などの記載内容の質が担保されておらず情報提供の内容が十分ではない」「自社の SDS の内容が正しいのか懸念があるため，確認ができる仕組みが望ましい」「義務を遵守していない事業者の調査および罰則の適用」といった意見が寄せられています．これらの調査結果から，多くの事業者が，信頼性の高い SDS 作成や GHS 分類に困難さを抱えており，その教育にも頭を悩ませている現状が浮彫りとなりました．

混合物の GHS 分類の問題

　アンケートの結果でもわかるように，混合物の有害性について GHS 分類を行う際には難しい問題がいくつかあります．それらは，時としてケースバイケースの判断となり，またあるときは，法規制上のグレーゾーンの問題となり，事業者が安全側の考えに従って判断する場合も生じます．一例をあげると，混合物からなる化学品に含まれる化学物質の濃度について分類基準値（濃度限界）から GHS 分類を行う場合に，難しい判断が必要となる場合があります．混合物の GHS 分類は，詳しくは第 3 章で解説しますが，有害性の項目ごとに，その混合物に含まれる成分の濃度限界から判断し，その混合物としての有害性の区分を決定することになる場合が大半を占めます．これは，各成分が

表 2.8 混合物を分類するための成分濃度（皮膚腐食性/刺激性）

各成分の合計による分類	混合物を分類するための成分濃度	
	皮膚腐食性	皮膚刺激性
	区分 I	区分 2
皮膚区分 1	≧ 5%	< 5%, ≧ 1%
（10×皮膚区分 1）＋皮膚区分 2	—	≧ 10%

濃度限界以上の濃度で存在する場合，危険有害性が顕在化するとの判断により
ます．しかし，濃度限界未満の濃度でも，その成分が危険有害性を示すことが
明白であるという情報がある場合には，その成分を含む混合物はその情報で分
類することができるとの考え方もあります．化学品の GHS 分類を行う際に事
業者は，JIS Z 7252:2019 および JIS Z 7253:2019 に従って作成することになり
ますが，健康有害性の皮膚腐食性/刺激性では，JIS Z 7252:2019 には表 2.8 に
示すように混合物を分類するための成分濃度（濃度限界）が記載されています．
一方，JIS Z 7253:2019 にある SDS を作成すべき濃度を示した後述の表（表
3.5，p. 33）をみると，皮膚腐食性/刺激性の混合物で分類に考慮すべき成分
は，JIS Z 7253:2019 には 1% 以上の濃度で存在する成分とされています．し
かし JIS Z 7252:2019 には「腐食性成分のように，1% 未満の濃度でも，その
混合物の皮膚腐食性/刺激性の分類に関係すると予想できる場合はこの限りで
はない」との注記があります．さらに，表 2.8 に記載の「（10×皮膚区分 1）＋
皮膚区分 2」の式について，「混合物そのもののデータがない場合は，皮膚腐
食性/刺激性として混合物を分類する方法は，加成性の理論に基づいている．
すなわち，皮膚腐食性/刺激性の各成分は，その程度および濃度に応じて，混
合物そのものの皮膚腐食性/刺激性に寄与しているとみなせる．皮膚腐食性成
分が区分 1 と分類できる濃度以下であるが，皮膚刺激性に分類しなければなら
ない濃度の場合には，加重係数として 10 を用いる．各成分の濃度の合計が分
類基準となる濃度限界を超えた場合には，その混合物は，皮膚腐食性/刺激性
として分類する」との説明がされています．

　この皮膚腐食性/刺激性分類の例のように，1% 未満の濃度でも分類に考慮
するなど，混合物の GHS 分類には専門的な判断を必要とする部分があり，実
際にこうした判断を事業者が行うことは容易ではないと考えられます．

　この例とは逆に，濃度限界以上の濃度で混合物に含まれていても，危険有害

性が顕在化しないという明確な情報がある場合は，その情報に従って分類するとの考え方も JIS Z 7252：2019 には示されています．具体的には「一般的な濃度限界以上の濃度であっても，成分の皮膚腐食性/刺激性の影響を否定する信頼できるデータがある場合がある．この場合は，混合物は，そのデータに基づいて分類できる．（中略）成分の皮膚腐食性/刺激性がないと予想できる場合は，混合物そのものでの試験実施を検討してもよい」との記載があります．ただし，この考え方に基づいて事業者が GHS 分類を行う場合，混合物に含まれる各成分間の潜在的な相乗作用や拮抗作用についての情報を考慮に入れることが必要になりますが，こうした判断を専門的知識に乏しい事業者が行うのは難しいでしょう．なお，JIS Z 7252：2019 では皮膚腐食性/刺激性の判断に動物を使用しない代替試験法も認められるため，試験の実施にも言及していますが，実際に試験を実施するべきかどうかという判断もまた難しいことと思われます．信頼性の高い SDS を作成するためには，必要に応じて適切な専門家の助言を受けるなどによって最善の判断を行うことが望まれます．

分解性物質の SDS 作成の問題[5]

　第 1 章で述べた，分解性物質の問題も SDS を作成するうえで難しい問題となります．SDS の**第 10 項 ― 安定性及び反応性**には，化学的安定性，危険有害反応可能性，避けるべき条件，混触危険物質，危険有害な分解生成物などを記載することが，JIS Z 7253：2019 に規定されています．そこで，第 1 章で述べた分解性物質であるヘキサメチレンテトラミン（HMT）について，事業者が SDS を作成する場合を考えてみましょう．

　ここで，事業者が参考にする可能性が高い厚生労働省の職場のあんぜんサイト[6] に掲載されている HMT のモデル SDS を見てみると，**第 10 項 ― 安定性及び反応性**では，安定性は「法規制に従った保管及び取扱においては安定と考えられる」との記載のみとなっています．また，この項の危険有害反応可能性でも「粉末や顆粒状で空気と混合すると，粉じん爆発の可能性がある．アルミニウム，亜鉛を侵す」との記載しかありません．さらに，混触危険物質には，「強酸　強酸化剤（過酸化ナトリウム）」との記述があるものの危険有害な分解生成物には，「加熱または燃焼すると分解し，有毒で腐食性のガス（ホルムア

ルデヒド，アンモニア，シアン化水素，窒素酸化物など）を生じる」との記載にとどまり，第1章で触れた水中での次亜塩素酸との反応による分解性に対する注意喚起としては十分とはいえません．

　一方，HMT のモデル SDS の**第13項 ― 廃棄上の注意**では，残余廃棄物について，「廃棄の前に，可能な限り無害化，安定化および中和などの処理を行って危険有害性のレベルを低い状態にする」，廃棄については，「関連法規並びに地方自治体の基準に従うこと」，汚染容器および包装については，「容器は清浄にしてリサイクルするか，関連法規並びに地方自治体の基準に従って適切な処分を行う．空容器を廃棄する場合は，内容物を完全に除去すること」との記述までで，具体的な処分方法についての注意はなく，第1章で述べたケースのように，廃棄物処理業者が処理方法を正しく選択しないと分解が起こり，ホルムアルデヒドが生成される可能性に対する注意喚起は十分とはいえません．

　分解性が予見される物質の SDS を作成する際には，分解性の情報を調査することが重要です．例えば，HMT の例では，NEDO（新エネルギー・産業技術総合開発機構）のプロジェクトとして作成された HMT の有害性評価書[7]には HMT の非生物的分解性として，「37.5℃ における加水分解半減期は，pH 2 では 1.6 時間，pH 5.8 では 13.8 時間と報告されている．これよりヘキサメチレンテトラミンの 30℃ における加水分解半減期は，pH 7 では 160 日と推定された．ヘキサメチレンテトラミンの加水分解生成物は，アンモニアとホルムアルデヒドが報告されている」との記述があり，分解性について注意が必要なこともある程度示されています．このように，分解性が予見される SDS を作成する際には，SDS の**第10項 ― 安定性及び反応性**，**第13項 ― 廃棄上の注意**に関連する情報を適宜，各種評価書などから調査して記載することが安全上の観点から重要です．実際に，事業者が評価書などの情報を調査し，その内容の信頼性を確認し，SDS に記載することはややハードルが高いと思われますが，高品質な SDS を作成するためには必要なことです．

　さらに，GHS の分類については，JIS Z 7252:2019 が準拠している国連 GHS 文書改訂 6 版の附属書 9「水生環境への有害性に関する手引き」では，加水分解性物質について，「分類には専門家の判断が必要であり，測定濃度をもとに分類すること．また主要な分解生成物の毒性を取りあげる必要性あり」とされています．また，健康有害性の GHS 分類については，分解性物質の分類を考

慮するかどうかは明確な記述がなく，ケースバイケースであると思われます．

　この例で紹介した HMT 以外のアミン類でホルムアルデヒドを生成しやすい物質に，1,1-ジメチルヒドラジン（DMH），*N,N*-ジメチルアニリン（DMAN），トリメチルアミン（TMA），テトラメチルエチレンジアミン（TMED），*N,N*-ジメチルエチルアミン（DMEA），ジメチルアミノエタノール（DMAE），1,1-ジメチルグアニジン（DMGu）があり，これらの物質を含む SDS の作成にも注意が必要です．

第 2 章参考資料

1）労働安全衛生法の新たな化学物質規制（労働安全衛生法施行令の一部を改正する政令等の概要），https://www.mhlw.go.jp/content/11303000/000945523.pdf
2）化学物質排出把握管理促進法の政令改正について（令和 3 年 10 月 20 日公布），https://www.meti.go.jp/policy/chemical_management/law/prtr/8_4.html
3）経済産業省，化学物質排出把握管理促進法施行状況調査 2017 年，https://www.e-stat.go.jp/stat-search?page=1&sort=toukei_name%20asc&layout=dataset&toukei=00550575&kikan=00550&metadata=1&data=1
4）株式会社環境計画研究所，平成 27 年度化学物質安全対策（PRTR 制度，SDS 制度に関する調査）報告書，https://www.meti.go.jp/policy/chemical_management/law/information/pdf/h27seido_houkokusyo.pdf
5）吉川治彦，*MATERIAL STAGE*，**17**（7），70（2017）．
6）厚生労働省，職場のあんぜんサイト，http://anzeninfo.mhlw.go.jp
7）新エネルギー・産業技術総合開発機構，有害性評価書 Ver. 1.0 No. 107 1,3,5,7-テトラアザトリシクロ［3.3.1.13.7］デカン（別名 ヘキサメチレンテトラミン）CAS 登録番号：100-97-0，https://www.nite.go.jp/chem/chrip/chrip_search/dt/pdf/CI_02_001/hazard/hyokasyo/No-107.pdf

改正安衛法, JIS Z 7252, JIS Z 7253 に準拠した GHS 対応 SDS の作成

第2章で紹介したアンケート結果（表2.5, p.21）では，10〜20% の企業が，「原材料などのデータは入手できるが，混合物として GHS 分類することが困難である」と回答しており，混合物である化学品の SDS の作成に難しさがあると感じています．GHS では，危険有害性を国際的に統一された基準で分類すると同時に，その危険有害性情報についても統一された絵表示や用語を用いて SDS やラベル表示を行うことを定めています．日本では，SDS 三法に該当する化学物質は，GHS に準拠した SDS とラベルの作成が定められており，そのための JIS 規格と経済産業省のガイダンスが整備されています．本章では GHS と SDS についての JIS 規格の概要とそれらに準拠した SDS やラベルの作成について解説します．なお，ガイダンスも基本的に JIS 規格に準拠して作成されていますので，ガイダンスに準拠して SDS やラベルを作成することもできます．

国連 GHS 文書と JIS Z 7252 および JIS Z 7253 の関係

GHS 分類の実施に関して，国連が作成した国連 GHS 文書（通称 "パープルブック"）の初版が 2003 年に公開されました．その後 2 年ごとに改訂され，最新の国連 GHS 文書改訂 10 版は，2023 年に公開されました[1]．標準化に対応した JIS 規格として，JIS Z 7250:2005（GHS に基づく MSDS），JIS Z 7251:2006（GHS に基づく表示）が定められ，その後，この 2 つの JIS が統合されて JIS Z 7253:2012（GHS に基づく情報伝達）となり，また GHS に基づく分類方法を定めた JIS Z 7252:2009（2014 に改正）も制定されました．2019 年，これらが国連 GHS 文書改訂 6 版準拠に改正され，JIS Z 7253:2019 および JIS Z 7252:

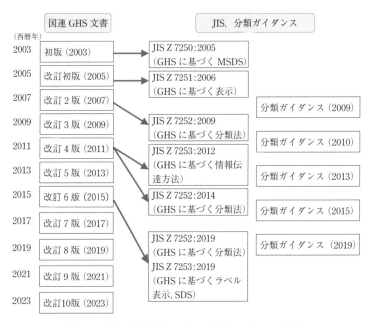

図 3.1 国連 GHS 文書と JIS，分類ガイダンスの関係

2019 となりました．また，これらをベースとして経済産業省から GHS 分類ガイダンス[2) が公表されています．これら国連 GHS 文書，JIS，分類ガイダンスの関係を図 3.1 に示します．

JIS Z 7252:2019，JIS Z 7253:2019 の改正内容

図 3.1 で示したように，改正前の JIS Z 7252:2014 および JIS Z 7253:2012 は，国連 GHS 文書改訂 4 版に準拠したものです．改正された JIS Z 7252:2019 および JIS Z 7253:2019 は，国連 GHS 文書改訂 6 版準拠に改められました．この改正には，国連 GHS 文書改訂 5 版と改訂 6 版で変更になった部分と，JIS 独自の改正が含まれています．

● **国連 GHS 文書改訂 4 版から改訂 5 版への変更に伴う改正項目**

① **エアゾールの判定基準：**　JIS Z 7252:2019 では，エアゾールの判定基準に注記として，「1% を超える可燃性/引火性成分を含む，又は燃焼熱が 20 kJ/g 以上であるエアゾールの場合，a) 可燃性の分類の手順を踏まなければ区分

1 に分類, b）可燃性の分類の手順の結果が区分 1 の判定基準に合致すれば区分 1, 合致しなければ区分 2 の判定基準にかかわらず区分 2 に分類する」との文言が追加され, 区分 3 の非可燃性エアゾールとの違いが明確に示されました.

② **自己反応性化学品, 有機過酸化物の樹系図**: JIS Z 7252:2019 の自己反応性化学品の判定論理の樹系図（Box14, 15, 16 を追加）, および, 有機過酸化物の判定論理の樹系図（Box14, 15, 16 を追加）が修正されました. これらの樹系図の修正により, タイプ G に判定する際の基準が明確化されました.

③ **酸化性固体に関する新しい試験方法**: JIS Z 7252:2019 の酸化性固体の判定基準において,「危険物輸送に関する勧告 試験方法及び判定基準のマニュアル」で定められた試験 O.1 による判定基準に加え, 新しい試験 O.3 による判定基準が追加されました.

④ **皮膚腐食性/刺激性, 眼に対する重篤な損傷性/眼刺激性の判定基準**: JIS Z 7252:2019 では段階的評価が修正され, *in vitro* 試験の結果で分類できる（*in vitro* 試験が陰性の場合, *in vivo* の追加試験をしなくてもよい）ことが明確化されました.

⑤ **水生環境有害性の危険有害性クラスの名称**: JIS Z 7252:2019 の水生環境有害性（急性）は, 水生環境有害性 短期（急性）へ変更され, 水生環境有害性（長期間）は, 水生環境有害性 長期（慢性）へ変更されました.

⑥ **国連 GHS 文書の附属書 3（危険有害性情報のコード 注意書きのコードと使用法）に絵表示のコード**: JIS Z 7253:2019 の危険有害性を表す絵表示に絵表示のコードが追加されました（コラム「GHS の絵表示はたくさんあった?」, p. 10）.

⑦ **国連 GHS 文書の附属書 4（SDS 作成指針）において, 結果として分類されないその他の危険有害性で粉じん爆発危険性に関する記述**: JIS Z 7253:2019 の附属書 D（SDS の編集及び作成）の**第 2 項 ― 危険有害性の要約**に「粉じん（塵）爆発危険性の場合には, "拡散した場合, 爆発可能性のある粉じん（塵）―空気混合物を形成する可能性あり" という文章が望ましい」との文言が追加されました.

● **国連 GHS 改訂 5 版から改訂 6 版への変更に伴う改正項目**

① **SDS の第 9 項 ― 物理的及び化学的性質**：　JIS Z 7253:2019 の附属書 D（SDS の編集及び作成）において，SDS の項目名，項目順が変更されました．JIS Z 7253:2019 では附属書 E（基本的な物理的及び化学的性質並びに物理的危険性クラスに関連するデータ）を追加し，SDS の第 9 項に記載する物理的及び化学的性質，物理的危険性クラスに関連する情報が記載されました（表4.3，p. 109〜110 参照）．

② **爆発物に関する判定手順適用の可否**：　JIS Z 7252:2019 の爆発物の分類のための追加情報を修正し，分解エネルギーおよび分解開始温度で爆発物を判定する場合の容認された判定手順の適用の可否が明確化されました（表3.1）．

③ **可燃性ガスに「自然発火性ガス」**：　JIS Z 7252:2019 で，可燃性/引火性ガスは可燃性ガスに改められ，さらに自然発火性ガスが追加され，自然発火性ガスの判定基準が追加されました（表3.2）．

④ **新しい危険有害性クラス「鈍性化爆発物」**：　JIS Z 7252:2019 では，鈍性化爆発物が追加されました．鈍性化爆発物は，希釈などで爆発性を抑制されている固体または液体の爆発性の化学品（爆発物からは除外）で，補正燃焼速度から区分 1〜4 に分類します．なお，JIS Z 7253:2019 の附属書 E（基本的な

表3.1　有機物質または有機物質の均一な混合
物に関する危険性クラス"爆発物"の
容認された判定手順の適用の可否

分解エネルギー（J/g）	分解開始温度（℃）	容認された判定手順適用の可否
＜500	＜500	否
＜500	≧500	否
≧500	＜500	可
≧500	≧500	否

表3.2　自然発火性ガスの判定基準

区分	判定基準
自然発火性ガス	54℃ 以下の空気中で発火する可燃性ガス

可燃性ガスの混合物で，自然発火性に関するデータがなく，1% を超える（容量）自然発火性成分を含む場合には，自然発火性ガスに分類する．

物理的及び化学的性質並びに物理的危険性クラスに関連するデータ）では，SDS の**第 9 項 ― 物理的及び化学的性質**に判定のための情報として補正燃焼速度のほか，鈍感化剤の種類，発熱分解エネルギーを記述する，とされました．

⑤ **特定標的臓器毒性（単回ばく露）において，区分 3 に加成方式が使われる場合の記述**： JIS Z 7252:2019 に，「混合物の考慮すべき成分とは，≧1%（固体，液体，粉じん，ミスト及び蒸気の場合 w/w，ガスの場合 v/v）の濃度で存在するものである．ただし，気道刺激性，または麻酔作用に関して混合物を分類するとき，<1% の濃度で存在する成分が考慮すべきと疑われる理由がある場合を除く」との記述が追加されました．

⑥ **誤えん有害性に関する混合物の分類**： JIS Z 7252:2019 で，吸引性呼吸器有害性は，誤えん有害性に名称が改められ，「混合物の考慮すべき成分は，1% 以上の濃度で存在するものである」との記述が追加されました．

⑦ **小さい容器の表示例**： 国連 GHS 文書改訂 6 版の附属書 7（GHS ラベル要素の配置例）に，例 8 として記載されているラベル例では，アンプルに貼りつけられたラベルに要求事項をすべて記載できないため，外箱に記載しています．しかしこれでは，現行の国内法規制を満たすことができないため，この部分だけ国連 GHS 文書改訂 7 版の附属書 7（GHS ラベル要素の配置例）の例 9 に記載されているラベル例（折り畳み式ラベル）を国内法規制を満たすように一部修正したものが，JIS Z 7253:2019 の附属書 F（小さい容器への表示例について）に記載されました（図 3.5, p. 59）．

● **JIS Z 7252：2019 の改正項目**

① JIS Z 7252:2019 導入の移行期間は 3 年とされ，2022 年 5 月 24 日で旧 JIS Z 7252:2014 は終了しました．

② **判定論理の樹形図**： すべての危険有害性クラスに，国連 GHS 文書改訂 6 版と同様な判定論理の樹形図が掲載されました．区分に当てはまらない結論部分は，GHS における "Not classified" "No classification" を「区分に該当しない」とし，"Classification not possible" は「分類できない」とされました（表 3.3）．

③ **項目名の一部変更**： 危険有害性クラスの名称について，JIS Z 7253:2019 も含め国連 GHS 文書改訂 6 版と整合が図られました（表 3.4）．

表 3.3　区分に当てはまらない場合の語句

区分に当てはまらない場合の語句	説　明
分類できない （Classification not possible）	・各種の情報源およびデータなどを検討した結果，GHS 　分類の判断を行うためのデータがまったくない場合． ・GHS 分類を行うための十分な情報が得られなかった場合．
区分に該当しない （Not classified または No classification）	・GHS 分類を行うのに十分な情報が得られ，分類を行っ 　た結果，JIS で規定する危険有害性区分のいずれの区分 　にも該当しない場合． ・GHS 分類の手順で用いられる物理的状態または化学構 　造が該当しない場合． ・発がん性など証拠の確からしさで分類する危険有害性 　クラスにおいて，専門家による総合的な判断から当該 　毒性をもたないと判断される場合，または得られた証 　拠が区分に分類するには不十分な場合． ・データがない，または不十分で分類できない場合，判 　定論理においては分類できないと記されている場合も 　あるが，このような場合も含まれることがある．

表 3.4　JIS Z 7252：2019，JIS Z 7253：2019 で項目名の変更

JIS Z 7252：2014，JIS Z 7253：2012	JIS Z 7252：2019，JIS Z 7253：2019
可燃性又は引火性ガス	可燃性ガス
支燃性又は酸化性ガス	酸化性ガス
皮膚腐食性及び皮膚刺激性	皮膚腐食性/刺激性
眼に対する重篤な損傷性又は眼刺激性	眼に対する重篤な損傷性/眼刺激性
吸引性呼吸器有害性	誤えん有害性
水生環境有害性（急性）	水生環境有害性　短期（急性）
急性区分 1-3	短期（急性）区分 1-3
水生環境有害性（慢性）	水生環境有害性　長期（慢性）
慢性区分 1-3	長期（慢性）区分 1-3

　④　**成形品（article）の定義**：「液体，粉体又は粒子以外」であること，お
よび「通常の使用条件下では，含有化学品をごく少量，例えば，痕跡量しか放
出せず，取扱者に対する物理化学的危害または健康への有害性を示さないも
の」との文言を追記し，GHS における定義と同様に，使用時において，粉末
を放出するなど危険有害性がある場合は成形品に含まれないことが明確化され
ました．

● **JIS Z 7253：2019 の改正項目**

① JIS Z 7253:2019 導入の移行期間は 3 年とされ，2022 年 5 月 24 日で旧 JIS Z 7253:2012 は終了しました．

② **SDS を作成する濃度の表**：　混合物の分類において，GHS 分類を考慮する "濃度限界" と "SDS を作成する濃度" が異なる場合があることに関して，誤解のないように各危険有害性クラスに対する SDS を作成する濃度の表が追加されました（表 3.5）．なお，この表の値より低濃度でも，GHS 分類基準に基づき有害性（急性毒性，水生環境有害性など）があれば，SDS の提供が望ましいとされていることに注意します．

③ **SDS の記載内容の表**：　国連 GHS 文書改訂 6 版には，SDS の必要最少情報の表が記載されていますが，国内法規制と矛盾しないように修正し，附属書 D（SDS の編集及び作成）に，項目および小項目の一覧表として SDS への記載内容の表が追加されました．この表には SDS の必要最小情報も追記されました（表 3.10 参照，p. 45〜48）．

④ **ラベルの供給者を特定する情報**：　国内製造事業者等の情報を，当該事業者の了解を得たうえで追記できるようになりました．なお，SDS の**第 1 項 — 化学品及び会社情報**にも小項目として国内製造事業者等の情報を当該事業

表 3.5　健康および環境の各危険有害性クラスに対する SDS を作成する濃度

危険有害性クラス	SDS を作成する濃度
急性毒性	1.0% 以上
皮膚腐食性/刺激性	1.0% 以上
眼に対する重篤な損傷性/眼刺激性	1.0% 以上
呼吸器感作性または皮膚感作性	0.1% 以上
生殖細胞変異原性：区分 1	0.1% 以上
生殖細胞変異原性：区分 2	1.0% 以上
発がん性	0.1% 以上
生殖毒性	0.1% 以上
特定標的臓器毒性（単回ばく露）	1.0% 以上
特定標的臓器毒性（反復ばく露）	1.0% 以上
誤えん有害性：区分 1	10% 以上の区分 1 の物質で 40℃ の動粘性率が 20.5 mm²/s 以下
水生環境有害性	1.0% 以上

表3.6 濃度限界未満であっても SDS を作成する濃度

危険有害性	区分	SDS を作成する濃度	濃度限界（区分）
呼吸器感作性	区分1 (1A, 1B)	0.1% 以上	0.1% 以上（1A），0.2% 以上（気体1, 1B），1.0% 以上（固体，液体1, 1B）
皮膚感作性	区分1 (1A, 1B)	0.1% 以上	0.1% 以上（1A）， 1.0% 以上（1, 1B）
発がん性	区分2	0.1% 以上	1.0% 以上
生殖毒性	区分1 (1A, 1B)， 2, 授乳影響	0.1% 以上	0.3% 以上（1, 1A, 1B, 授乳影響），3.0% 以上（2）
特定標的臓器毒性 （単回ばく露，反復ばく露）	区分2	1.0% 以上	10% 以上

者の了解を得たうえで追記できるとされました.

　⑤ **SDS の第1項 — 化学品及び会社情報**： 小項目「推奨用途及び使用上の制限」が，それぞれ「推奨用途」と「使用上の制限」に分離されました.

　⑥ **SDS の第2項 — 危険有害性の要約**： 区分に該当しない場合には，その旨を**第11項 — 有害性情報**および**第12項 — 環境影響情報**に記載することが望ましいとされました.

　⑦ **濃度限界未満でも SDS を作成する危険有害性**： GHS 分類に寄与する濃度限界未満であっても表3.5の「SDS を作成する濃度」に該当する場合，当該成分の GHS 分類区分および濃度または濃度範囲を SDS に記載する危険有害性が追記されました. これについて表3.6にまとめました.

　⑧ **SDS の第7項 — 取扱い及び保管上の注意**： 「当該化学品の性質を変えることで新たなリスクを生む取扱い方法がある場合は合理的に予見可能な範囲で記載する」が追記されました.

　⑨ **SDS の第9項 — 物理的及び化学的性質**： 「n-オクタノール／水分配係数」に log 値が追記されました.

　⑩ **SDS の第10項 — 安定性及び反応性**： 「避けるべき条件　熱（特定温度以上の加熱など），圧力，衝撃，静電放電，振動，他の物理的応力など」，「混触危険物質（当該化学品と混合又は接触させた場合に危険有害性を生じさせる物質）」，「使用，保管，加熱の結果生じる既知の予測可能な有害な分解生成物」との文言に修正されました.

⑪ **SDS の第 11 項 ― 有害性情報**：

（1）「体細胞を用いるインビボ（*in vivo*）遺伝毒性試験又はインビトロ（*in vitro*）変異原性試験のデータを記載する場合には，生殖細胞変異原性の小項目に記載する．さらに，発がん性の小項目に記載してもよい」との文言が追記されました．

（2）「危険有害性のデータが入手できない場合または化学品が分類判定基準に合致しない場合には，その旨 SDS に記載する．混合物の場合，上記各有害性クラスについて，混合物としての毒性情報と GHS 分類とを記載する．混合物全体として試験されていない場合，または評価するにたる情報が得られない場合は成分についての毒性情報と GHS 分類とを記載する．混合物としての分類には，GHS が規定する混合物の分類方法を使用する．情報が得られないなどの場合はその旨を記載する」との文言が追記されました．

⑫ **SDS の第 12 項 ― 環境影響情報**： 「危険有害性のデータが入手できない場合，化学品が分類判定基準に合致しない場合には，その旨 SDS に記載する」との文言が追記されました．

⑬ **SDS の第 13 項 ― 廃棄上の注意**： リサイクルに関する情報を含めることに修正されました．

GHS 分類ガイダンスとは？

事業者が JIS Z 7252 および JIS Z 7253 に基づいて円滑に GHS 分類を実施するために，事業者向け GHS 分類ガイダンスが作成されています．GHS 分類ガイダンスは，政府向け，事業者向けの 2 種類が経済産業省の Web サイト[2]で公開されていますが，事業者向け分類ガイダンスには混合物の GHS 分類方法が記載されており，ダウンロードし参照することができます．

本章では，国連 GHS 文書改訂 6 版準拠の JIS Z 7252：2019 および JIS Z 7253：2019 に基づき，GHS 分類および SDS，ラベル作成の概要を解説しますが，事業者向け GHS 分類ガイダンスも JIS Z 7252：2019 および JIS Z 7253：2019 に基づいて改訂され，経済産業省の Web サイトに公表[3]されていますので，それを参考に GHS 分類を実施することもできます．

5 つのステップからなる SDS 作成法

　化学品の GHS 分類を実施し，SDS を作成するには，まずデータの収集を行い，次にそのデータの信頼性などを検討し，前述の JIS Z 7252：2019，あるいは事業者向け GHS 分類ガイダンスに記載された混合物の GHS 分類ルールに従って GHS 分類，区分の判断を行うことが基本です．しかし，実施するには

```
┌─────────────────────────────────────┐
│ ステップ 1：SDS 作成の目的の確認            │
└─────────────────────────────────────┘
                  ▼
┌─────────────────────────────────────┐
│ ステップ 2：成分情報の整理                 │
│         ・危険有害性の根拠となる成分         │
│         ・法的要求を満たす成分             │
└─────────────────────────────────────┘
                  ▼
┌─────────────────────────────────────┐
│ ステップ 3：化学品の危険有害性の決定          │
│         （混合物の GHS 分類を確認）         │
└─────────────────────────────────────┘
                  ▼
┌─────────────────────────────────────┐
│ ステップ 4：化学品の安全な取扱いのための       │
│         注意事項などの記載               │
└─────────────────────────────────────┘
                  ▼
┌─────────────────────────────────────┐
│ ステップ 5：法規制情報，許容濃度などの記載      │
└─────────────────────────────────────┘
```

図 3.2　SDS 作成のステップ

表 3.7　GHS 対応 SDS を作成するための基礎資料例

項　目	参考資料など
化学品の基礎情報，含有化学物質の情報	・川上側企業から提供された SDS ・NITE，化学物質総合情報提供システム（NITE-CHRIP)[4] ・日本化学工業協会，化学物質リスク評価支援ポータルサイト（JCIA BIGDr)[5] ・環境省，化学物質情報検索支援システム（Chemi COCO)[6] など
混合物の GHS 分類方法	・JIS Z 7252：2019（GHS に基づく化学品の分類方法） ・経済産業省，事業者向け GHS 分類ガイダンス（令和元年度改訂版（Ver 2.0))[3] など
SDS およびラベル作成	・JIS Z 7253：2019（GHS に基づく化学品の危険有害性情報の伝達方法―ラベル，作業場内の表示及び安全データシート（SDS）） ・厚生労働省，職場のあんぜんサイト，GHS 対応モデルラベル・モデル SDS 情報[7] ・日本化学工業協会，GHS 対応ガイドライン ラベル及び表示・安全データシート作成指針（2023 年 9 月版） ・経済産業省，化管法に基づく SDS・ラベル作成ガイド（2023）など

専門的な知識と難解な判定基準の理解が必要となる場合も多いと推察されます．そこで本章では，JIS Z 7252:2019に準拠した混合物である化学品のSDSを的確かつ効率よく作成するため，次の5ステップからなる方法を紹介します（図3.2）．また，混合物の化学品のGHS対応SDSを作成するために参照する資料などを，表3.7に示します．

ステップ1　SDS作成の目的の確認

　SDSは，化学品についての危険有害性情報を示し，安全な取扱い，保管，廃棄などに関する情報を提供するものです．SDSの作成，提供が法的に義務となっている化学物質に対してはもちろんですが，そうでない化学物質を含有している場合でも（ばく露の予見性などから），必要に応じて譲渡や提供する際は，社会的要請に応えるために，SDSを作成することが重要です．ただし，法規制上SDS二法では，一般消費者向けの製品のほか，表3.8に示すようなケースに該当する場合は，SDSを作成する義務はありません（これらの場合は，任意での作成となります）．

　SDS三法に該当する化学物質を，法規制で規定された濃度以上含有し（毒劇法の製剤では，物質的な機能を利用した場合や意図的な添加の場合には濃度の下限が規定されていなければ，閾値はありません），表3.8に示した対象外となる化学品に該当しない場合は，日本国内の事業者に譲渡・提供する場合，その化学品のSDSを作成する義務があります．

　一方，JIS Z 7253:2019においては，化学品に対して，健康および環境有害性のGHS区分に該当する化学物質を表3.5に示した濃度を超えて含有し，化学品が有害性の基準を満たす場合には，SDSを作成するべきであるとしてい

表3.8　SDS作成の対象外となる場合

安衛法	化管法	毒劇法
・医薬品，医薬部外品，化粧品，農薬，食品（労働者のばく露がないもの） ・労働者の取扱いにおいて固体以外の状態にならず，粉状，粒状にならない製品 ・密封された状態の製品	・固形物（管，板，組立部品など） ・密封された状態で使用されるもの（コンデンサー，乾電池など） ・一般消費者用製品（家庭用洗剤，殺虫剤など） ・再生資源（金属屑，空き缶など）	・器具，機器，用具 ・廃液，廃棄物（有価物を除く） ・不純物として毒劇物を含有するもの ・1回につき200 mg以下の劇物を販売し，または授与する場合

ます（法規制の規定があればそれを優先します）.

| ステップ 2 | 成分情報の整理 |

SDS の作成が義務である場合もそうでない場合も，SDS の**第 2 項 ― 危険有害性の要約**には GHS 分類を含めた絵表示などのラベル要素を記載します.

GHS 分類を実施するための準備として，有害性の根拠となる化学品を構成する成分（SDS 三法に該当する成分およびそれ以外の成分），対象物質の名称と含有量を特定し，副生成物や不純物も含めて CAS 番号を整理します（表3.9）. GHS 分類に寄与する可能性から，おおむね 0.1％ 以上含有する成分を整理していきますが，法規制の該否はステップ 5 で確認します.

原料として川上側企業の供給者から提供された成分を混合した化学品の場合は，その成分の SDS から GHS 分類や有害性情報のある成分の含有率を勘案し整理します. 成分の SDS 情報のほかに，NITE 化学物質総合情報提供システム（NITE-CHRIP）[4] にある政府が実施した GHS 分類結果（約 3300 物質）や自社で実施した試験結果，業界団体の GHS 分類結果などの情報を成分の一致性も

表 3.9 GHS 分類のための整理表の例

	成分 1	成分 2	成分 3
化学名または一般名			
CAS 番号			
濃度または濃度範囲（wt％）			
急性毒性（経口）LD_{50}（mg/kg）			
急性毒性（経皮）LD_{50}（mg/kg）			
急性毒性（吸入：ガス）LC_{50}（ppm）			
急性毒性（吸入：蒸気）LC_{50}（mg/L）			
急性毒性（吸入：ミスト，粉じん）LC_{50}（mg/L）			
皮膚腐食性 / 刺激性			
……			
……			

含め検討し，採用する場合，整理表に記載します．

　政府による GHS 分類結果が実施されていない化学物質などについては，試験結果などがあれば，それらをもとにステップ 3 で述べる JIS Z 7252:2019 や事業者向け GHS 分類ガイダンスに記載された GHS 分類基準に従って分類を行うことができます．なお，採用した GHS 分類のための有害性情報は，政府が実施した GHS 分類結果も含め，SDS の**第 11 項 — 有害性情報**，**第 12 項 — 環境影響情報**に記載します．

　ステップ 2 で特に注意が必要なのは，川上側企業から提供された SDS の成分に秘匿成分が含まれている場合です．このような場合，特に輸入した化学品では含有率の合計が 100 % とならない場合は，秘匿とされた成分に，日本の SDS 三法に該当する物質が含まれている可能性があるため，川上側企業に確認が必要となります（必要に応じて，秘密保持契約などを交わして情報を開示してもらいます）．

ステップ 3　化学品の危険有害性の決定

　ステップ 2 で特定した成分の GHS 分類情報などから，混合物としての化学品の GHS 分類を JIS Z 7252:2019 や事業者向け GHS 分類ガイダンスに従って判断します．

① 混合物の物理化学的危険性の分類

　混合物の物理化学的危険性の分類は，原則として混合物を対象として，測定したデータに基づき分類します．消防法危険物に該当する成分を含有する化学品などの場合，例えば引火性液体などに該当する可能性があるため，化学品として適切な試験を実施し，GHS の分類も確定することが勧められます．なお，可燃性ガス，酸化性ガスは，計算式が混合物の分類に適用可能です．

② 混合物の健康有害性，環境有害性の分類

　急性毒性など，化学品（混合物）自体のデータがあればそれを使用して分類することが原則です．しかし，GHS では，動物愛護の精神から，新たな試験を実施して分類することは奨励されていません．化学品自体のデータがない場合は，まず「つなぎの原則」による推定ができるか検討します．つなぎの原則（bridging principle）とは，当該混合物についてのデータがなく，個々の成分

およびその類似の混合物の有害性についての十分なデータがある場合の推定方法で，希釈，製造バッチ，有害性の高い混合物の濃縮，1 つの有害性区分内での内挿，本質的に類似した混合物，エアゾールの 6 つの方法があり，適用できる有害性がそれぞれ定められています．しかし，単一の成分を水で希釈したような化学品を除き，つなぎの原則が適用できない場合が多く，その場合は，構成成分についての有害性情報から推定することになります．

　構成成分についての有害性情報から推定する方法には，次の 3 つの方法があり，有害性クラスごとに，また，試験データによって適用できる場合が定められています．

（A）毒性値と含有量について加算式を適用するもの
　　　例：急性毒性，水生環境有害性（試験データがある場合）
（B）個々の成分の含有量を合計し，濃度限界を適用するもの（含有量に係数を掛ける場合あり）
　　　例：皮膚腐食性/刺激性，眼に対する重篤な損傷性/眼刺激性，水生環境有害性（試験データがない場合）
（C）個々の成分の含有量に濃度限界を適用するもの（個々の成分の含有量を加算しない）
　　　例：発がん性など（A），（B）以外

　（A），（B），（C）について，JIS Z 7252:2019 や事業者向け GHS 分類ガイダンスに従ってどの方法で分類するか判断し GHS 分類を行います．GHS 分類の実施は，後述の GHS 混合物分類判定ラベル/SDS 作成支援システム（NITE-Gmiccs）を利用してもよいですが，第 1 章で触れたように，有害性クラスやデータの存在状況などに応じて，ケースバイケースで適切な分類手法を選択する必要があることに注意しましょう．いくつかの分類方法が実施できる場合は，安全側の判断が勧められます．システムを利用して GHS 分類を行った場合は，適切な分類結果になっているか確認が必要です．

　混合物の GHS 分類の際の留意点は，混合物中の成分と含有量を特定し，GHS 分類に寄与する成分とその含有量を把握することが重要です．この際，不明成分を含む場合は，不明成分を確認するために供給者から情報の提供が必要となる場合があります（必要に応じて，秘密保持契約などを交わして情報を

開示してもらいます).

ステップ4　化学品の安全な取扱いのための注意事項などの記載

応急措置，火災時の措置，漏出時の措置などの取扱いのための注意事項については，川上側企業から提供された SDS，厚生労働省 職場のあんぜんサイトの GHS 対応モデルラベル・モデル SDS 情報[8]，WHO/IPCS の国際化学物質安全性カード（ICSC）[9] などから入手した情報を参考にできます．ただし，混合物としての情報を記載することに留意します（類似の化学品があれば，参考にできます）．

ステップ5　法令情報，許容濃度などの記載

ステップ2で特定した成分について，SDS 三法を含め該当する法規制や作業環境において労働者がばく露による被害を受けないようにするために必要な保護措置などについて記載します．物質ごとの該当法規制，労働安全衛生法の管理濃度，日本産業衛生学会の許容濃度は，NITE 化学物質総合情報提供システム（NITE-CHRIP）[4] などで検索できます．米国産業衛生専門家会議（ACGIH：American Conference of Governmental Industrial Hygienists）による許容濃度は，比較的多くの物質が設定されており OSHA（Occupational Safety and Health Administration）Occupational Chemical Database Advanced Search[10] などで検索し記載します．なお，安衛法の政省令の改正で厚生労働大臣が定めるばく露濃度の濃度基準値[11] も記載します．

作成後の定期的なチェックポイント

このように5ステップで作成した SDS は，作成後の定期的な修正も重要です．作成後のチェックポイントとしては，以下の3点があります．

① 混合物の組成に変更がないかの確認
② 定期的に見直されている情報（NITE-CHRIP の GHS 分類，許容濃度，濃度基準値など）の更新状況の確認
③ GHS や SDS に関連する法規制の更新状況の確認

　第 1 章で述べたように SDS の改訂については，SDS 三法では速やかに実施するとされており，事業者による SDS の定期的な確認と迅速な改訂を行うことが，事故防止の観点から重要です．なお，安衛法の政省令の改正で，SDS の通知事項である「人体に及ぼす作用」（有害性の情報）については，定期的（5 年以内）に確認し，変更があるときは 1 年以内に更新し，更新した場合は，SDS 通知先に変更内容を通知することが 2023（令和 5）年 4 月 1 日から義務化されました．

GHS 混合物分類判定ラベル／SDS 作成支援システム（NITE-Gmiccs）の利用

　化学品は多くの場合，複数の化学物質からなる混合物であるため，JIS Z 7252：2019，あるいは事業者向け GHS 分類ガイダンスに記載された混合物の GHS 分類ルールに従った区分の判断を行うため，専門的な知識と難解な判定基準の理解が必要となる場合が多くあります．そこで，事業者による混合物の GHS 分類の実施を支援するために GHS 混合物分類判定システムが開発され，さらに，GHS 混合物分類判定ラベル／SDS 作成支援システム（NITE-Gmiccs）[12]が，2021 年 3 月末に公開されました（図 3.3）．このシステムは，混合物の化学品の GHS 分類を自動で判定してラベルを出力するツールで，GHS 混合物分類判定システムをベースに，インストール不要で利便性を向上させたものです（無料で利用可能）．基礎データとして NITE 統合版 GHS 分類結果のデータ（約

図 3.3　GHS 混合物分類判定ラベル／SDS 作成支援システム

3300 物質）が収載されています．また，このシステムは，2022 年 3 月から SDS も出力できるようになり，SDS の作成に利用することができます．GHS 混合物分類判定システムは，今後アップデートされないことから，NITE-Gmiccs の利用が推奨されます．注意書きのフレーズの絞り込みや事業者の GHS 分類結果のデータ登録なども可能です．

　このような分類システムは，利便性の観点から利用することに問題はありません．しかし，自動的に出力された結果の確認や分類判定ロジック（濃度限界など）のチェックは必要です．

改正安衛法, JIS Z 7252:2019, JIS Z 7253:2019 に準拠した SDS 作成例

　JIS Z 7252:2019 および JIS Z 7253:2019 に準拠したトルエンとエチルベンゼンの混合物である化学品（溶剤 A）の SDS 作成例を紹介します（p.61〜74，および QR コード参照）．なお，作成例には法規制（安衛法および化管法の政省令の改正）でポイントとなる変更点を示しているので参考にしてください．

全体的な SDS 作成上の注意

　SDS の全 16 項目には，それぞれ該当する情報を記載しますが，**第 16 項 ─ その他の情報**以外の項目では，情報が入手できない場合は空白にせず，その旨を記載します（「情報なし」など）．また，SDS の作成にあたり，参照した情報源は，**第 16 項 ─ その他の情報**に記載するなどで示し，情報の信頼性を高めるように心掛けましょう．

　全 16 項目は，それぞれに小項目名を付けてもよいですが，小項目名には番号を付けません．また，SDS の各ページは，化学品の名称，最新の改訂日およびページ番号を記載します．各ページに全ページ数を記載するか，最終ページにその旨を記載するようにしましょう．なお，SDS の最初のページには，最新の改訂日と併せて，作成日も記載することが望ましいです．

　化学品の名称は，略称を用いてもよいですが，略称との関係がわかるように，**第 1 項 ─ 化学品及び会社情報**または**第 3 項 ─ 組成及び成分情報**にその旨

を記載します．SDS の最初のページに整理番号と改訂日が記載されている場合，各ページには，整理番号を記載することでもよいです．

JIS Z 7253:2019 に準拠した SDS で記載が必須の項目を表 3.10 に示します．さらに，前述のように SDS に関連する情報を追加の小項目として任意に記載してもよいとされています（小項目名は，この表と必ずしも一致していなくても問題ありません）．

● 第 1 項 — 化学品及び会社情報

化学品の名称（化学物質または製品の名称），供給者の会社名称，住所および電話番号を記載します．化学品の名称はラベルと一致させ，別称や整理番号などを追記してもよいです．また，緊急連絡電話番号を記載することが望ましいです．供給者のファクシミリ番号および電子メールアドレスを任意で追加記載してもよいです．化学品の推奨用途や使用上の制限については，JIS Z 7253:2019 では任意項目ですが，安衛法の政省令の改正では，SDS の通知事項に新たに「（譲渡提供時に）想定される用途および当該用途における使用上の注意」が追加され，記載が必要になりました（JIS Z 7253:2019 における化学品の推奨用途と使用上の制限に相当）．これは，「想定される用途」以外での使用を制限するものではありませんが，リスクアセスメントを実施する際に必要な情報であり，適切な記載が義務です（2024（令和 6）年 4 月 1 日施行）．また，JIS Z 7253:2019 では当該化学品の国内製造事業者等の情報は，当該事業者の了解を得たうえで追記してもよいとされました．

● 第 2 項 — 危険有害性の要約

GHS 分類に該当する場合は，JIS Z 7252:2019 および JIS Z 7253:2019 に準拠した化学品の GHS 分類およびラベル要素（絵表示，注意喚起語，危険有害性情報，注意書き）を記載します．絵表示は，白黒での記載でもよいとされ（ラベル表示は赤色の枠に限定されています），さらに絵表示の名称（炎，どくろなど）の記載でもよいです．ただし，絵表示の記載は，はっきり見えるように 1 つの頂点で正立させた正方形の背景の上に黒いシンボルを置き，十分に幅広い枠で囲むことが必要です．さらに，GHS 分類に関係しない，または GHS で扱われない他の危険有害性（粉じん爆発危険性など）についても記載すること

表 3.10　JIS Z 7253:2019 に準拠した SDS で記載が必須の項目

項目	項目名	小項目名	必須または任意の別
1	化学品及び会社情報	化学品の名称	必須
		製品コード	任意
		供給者の会社名称，住所，電話番号	必須
		供給者のファクシミリ番号，電子メールアドレス	任意
		緊急連絡電話番号	任意
		推奨用途	任意（法規制により必須）
		使用上の制限	
		国内製造事業者等の情報（了解を得たうえで追記可）	任意
2	危険有害性の要約	化学品の GHS 分類	必須
		GHS ラベル要素（絵表示又はシンボル，注意喚起語，危険有害性情報，注意書き）	必須
		GHS 分類に関係しない，又は GHS で扱われない他の危険有害性	任意
		重要な徴候及び想定される非常事態の概要	任意
3	組成及び成分情報	化学物質・混合物の区別	必須
		化学名又は一般名	必須
		慣用名又は別名	任意
		化学物質を特定できる一般的な番号	任意
		成分及び濃度又は濃度範囲（混合物の場合，各成分の化学名，一般名及び濃度又は濃度範囲）	任意（法規制により必須）
		官報公示整理番号（化審法・安衛法・化管法）	任意
		GHS 分類に寄与する成分（不純物及び安定化添加物も含む）	任意
4	応急措置	吸入した場合	必須
		皮膚に付着した場合	必須
		眼に入った場合	必須
		飲み込んだ場合	必須
		急性症状及び遅発性症状の最も重要な徴候症状	任意
		応急措置をする者の保護に必要な注意事項	任意
		医師に対する特別な注意事項	任意
5	火災時の措置	適切な消火剤	必須
		使ってはならない消火剤	必須※
		火災時の特有の危険有害性	任意
		特有の消火方法	任意
		消火活動を行う者の特別な保護具及び予防措置	任意

（つづく）

表 3.10 JIS Z 7253:2019 に準拠した SDS で記載が必須の項目（つづき）

項目	項目名	小項目名	必須または任意の別
6	漏出時の措置	人体に対する注意事項，保護具及び緊急時措置	必須
		環境に対する注意事項	必須
		封じ込め及び浄化の方法及び機材	必須
		二次災害の防止策	任意
7	取扱い及び保管上の注意	取扱い（技術的対策，安全取扱注意事項，接触回避などを記載する．必要に応じて衛生対策を記載することが望ましい）	必須※
		保管（安全な保管条件，安全な容器包装材料を記載する）	必須※
8	ばく露防止及び保護措置	許容濃度（安衛法政省令の改正で濃度基準値は記載する）	任意
		設備対策	任意
		保護具（呼吸用保護具，手の保護具，眼，顔面の保護具，皮膚及び身体の保護具）	必須
		特別な注意事項	任意
9	物理的及び化学的性質	物理状態	必須
		色	必須
		臭い	必須※
		融点/凝固点	必須※
		沸点又は初留点及び沸点範囲	必須※
		可燃性	必須※
		爆発下限及び爆発上限界/可燃限界	必須※
		引火点	必須※
		自然発火点	必須※
		分解温度	必須※
		pH	必須※
		動粘性率	必須※
		溶解度	必須※
		n-オクタノール/水分配係数（log 値）	必須※
		蒸気圧	必須※
		密度及び/又は相対密度	必須※
		相対ガス密度	必須※
		粒子特性	必須※
		その他のデータ（放射性，かさ密度，燃焼持続性）	任意
10	安全性及び反応性	反応性	必須※
		化学的安定性	必須※

表3.10 JIS Z 7253：2019 に準拠した SDS で記載が必須の項目（つづき）

項目	項目名	小項目名	必須または任意の別
10	安定性及び反応性（つづき）	危険有害性反応可能性	必須※
		避けるべき条件（熱（特定温度以上の加熱など），圧力，衝撃，静電放電，振動などの物理的応力など）	必須※
		混触危険物質	必須※
		危険有害な分解生成物	必須※
11	有害性情報	急性毒性	必須※
		皮膚腐食性/刺激性	必須※
		眼に対する重篤な損傷性/眼刺激性	必須※
		呼吸器感作性又は皮膚感作性	必須※
		生殖細胞変異原性	必須※
		発がん性	必須※
		生殖毒性	必須※
		特定標的臓器毒性（単回ばく露）	必須※
		特定標的臓器毒性（反復ばく露）	必須※
		誤えん有害性	必須※
12	環境影響情報	生態毒性	必須※
		残留性・分解性	必須※
		生態蓄積性	必須※
		土壌中の移動性	必須※
		オゾン層への有害性	必須※
13	廃棄上の注意	化学品（残余廃棄物），当該化学品が付着している汚染容器及び包装の安全で，かつ，環境上望ましい廃棄，又はリサイクルに関する情報	必須
14	輸送上の注意	国連番号	該当する場合
		品名（国連輸送名）	該当する場合
		国連分類（輸送における危険有害性クラス）	該当する場合
		容器等級	該当する場合
		海洋汚染物質（該当・非該当）	任意
		MARPOL73/78 附属書 II 及び IBC コードによるばら積み輸送される液体物質（該当・非該当）	任意
		輸送又は輸送手段に関する特別の安全対策	任意
		国内規制がある場合の規制情報	必須

（つづく）

表 3.10 JIS Z 7253:2019 に準拠した SDS で記載が必須の項目（つづき）

項目	項目名	小項目名	必須または任意の別
15	適用法令	該当法令の名称及びその法令に基づく規制に関する情報（化学品に SDS の提供が求められる化管法，安衛法，毒劇法に該当する化学品の場合，化学品の名称とともに記載する）	必須
		その他の適用される法令の名称及びその法令に基づく規制に関する情報（化学品の名称とともに記載する）	任意
16	その他の情報	安全上重要であるがこれまでの項目名に直接関連しない情報（空白でもよい）	任意

必須	：記載必須
必須※	：情報がない場合，その旨を必ず記載する
任意	：記載任意
該当する場合	：小項目が前提とする事柄に該当する場合にだけ記載する

が望ましいです．粉じん爆発危険性の場合には，「拡散した場合，爆発可能性のある粉じん-空気混合物を形成する可能性あり」という文言が例としてあげられます．このほかに任意項目として，重要な徴候および想定される非常事態の概要を設け，ばく露した場合に起こることが予想される健康上の徴候などを記載してもよいです．

● 第 3 項 — 組成及び成分情報

化学品が化学物質か，または混合物かの区別を記載し，化学物質の場合は，化学名または一般名を記載します．化学物質を特定できる一般的な番号（CAS番号など），慣用名，別名などを記載しても問題ありません．化審法官報公示整理番号，化管法管理番号，安衛法通知政令番号なども任意で記載します．

JIS Z 7252:2019 で規定される GHS 分類基準に基づいて危険有害性があると判断された化学物質について，GHS 分類に寄与するすべての成分（不純物および安定化添加物を含む）を前述の表 3.5（p.33）で示した濃度以上含有する場合，化学物質の名称および濃度または濃度範囲を記載することが望ましいです．この考え方は混合物の場合も同様で，法規制（SDS 三法）に該当する成分は，基本的に成分および含有量（wt%）の記載が義務ですが，安衛法の政省令の改正では次のように改正されました（2023（令和 6）年 4 月 1 日施行）．製品の特性上，含有量に幅が生じるものは，濃度範囲による記載も可能です．

また，特別規則（有機則，特化則など）以外の物質で営業上の秘密に該当する場合，その旨を SDS の第 3 項に記載し，① 秘密保持契約等を結び別途通知することで成分の名称，含有量の省略が可能，② 10％の幅値での記載が可能（この場合は，相手方の事業者から秘密保持契約などの締結を条件に，リスクアセスメント実施に必要な範囲内でより詳細な内容を通知する必要があります）．なお，化管法指定化学物質は，政令名称および含有量を有効数字 2 桁（wt％）で記載します．さらに，表 3.6（p. 34）に記載した健康有害性クラスに該当する場合は，GHS 分類に該当しなくても SDS を作成すべき濃度に相当するため，当該成分の GHS 分類区分（第 11 項）および濃度または濃度範囲を記載します．

● 第 4 項 ─ 応急措置

ばく露したときの応急措置を記載します．4 つのばく露経路（吸入した場合，皮膚に付着した場合，眼に入った場合，飲み込んだ場合）ごとに記載します．必須項目であるため，製品の性状から該当しないばく露経路であっても項目は削除できません．急性症状および遅発性症状の最も重要な徴候症状，応急措置をする者の保護に必要な注意事項，医師に対する特別な注意事項は任意項目ですが，必要に応じて簡潔に記載することが望ましいです．

● 第 5 項 ─ 火災時の措置

火災が発生した際の消火方法，適切な消火剤，使ってはならない消火剤などについて記載します．火災時の特有の危険有害性，特有の消火方法，消火活動を行う者の特別な保護具および予防措置には，例えば燃焼生成物，水を使用すると爆発や火災の危険がある場合，被害が拡大するおそれがある場合などの注意事項を記載することが望ましいです．消防法危険物に該当する場合は，危険物の規制に関する政令（危険物規制）別表第五（表 4.1，p. 101～102）を参考にすることができます．

● 第 6 項 ─ 漏出時の措置

化学品が漏出した際の人体および環境に対する対処方法，例えば，漏出または流出した場合の保護具，回収や中和などの適切な除去方法や注意すべき点に

ついて記載します. **第13項 — 廃棄上の注意**と異なる廃棄の方法があれば記載します. なお，二次災害の防止策を含めることが望ましいです.

● 第7項 — 取扱い及び保管上の注意

取扱いと保管に記載を分けます. 取扱いには，化学品の性質を変えることで新たなリスクを生む取扱い方法がある場合は，合理的に予見可能な範囲で記載することとされました. 安全に取り扱うためのばく露防止，火災，爆発防止など適切な技術対策を記載し，局所排気，全体換気など適切な排気対策，安全な取扱いのためのエアゾール，粉じんの発生防止策，混合接触させてはならない化学物質に対する注意事項などを記載します. 必要に応じて，適切な衛生対策を記載することが望ましいです.

保管には，安全な保管条件に関する技術的対策，混合接触させてはならない物質，適切な保管条件および避けるべき保管条件，推奨される包装容器材料，不適切な包装容器材料について記載します.

● 第8項 — ばく露防止及び保護措置

作業者が化学品によるばく露防止に関する情報や必要な保護措置について記載する項目です. ばく露限界値または生物学的指標などの許容濃度，ばく露を軽減するための設備の密閉化や洗浄設備などの設備対策を記載します. 許容濃度は，例えば日本産業衛生学会の許容濃度勧告[13] や米国産業衛生専門家会議（ACGIH）により，化学物質別に定められた許容濃度を記載し，経皮吸収による全身毒性が特記されている物質（例えば，文献 10) の「表 I -1. 許容濃度」で経皮吸収の列に「皮」の記載のある物質）はその旨も記述し，また参照した情報源の名称と参照年を記述します. ばく露の程度を作業場で濃度測定する際に推奨する測定方法およびその出典についての情報の記載も望ましいです. また，安衛法の政省令の改正で厚生労働大臣が定めるばく露濃度の濃度基準値が設定されている場合は，管理濃度などと同じく，安衛法第57条の2第1項に基づく通知事項である「貯蔵又は取扱い上の注意」として記載が必要です.

適切な保護具について，4つのばく露（呼吸用，手，眼および/または顔面，皮膚および身体）ごとに推奨される材質などを記載します. 保護具を正しく選定するためには，JIS 規格（表 4.2，p. 104）の適合性，当該化学物質を透過し

ない材質，作業者や作業への適合性などを考慮することが重要です．安衛法の政省令の改正に伴う「基安化発 0531 第 1 号」[14] では，想定される用途での使用において吸入または皮膚や眼との接触を保護具で防止するため，必要とされる保護具の種類を記載することになりました．また，特別な注意事項は，特殊な使用条件下（多量，高濃度，高温，高圧など）で生じる危険有害性について必要に応じて記載します．

● 第 9 項 ― 物理的及び化学的性質

JIS Z 7253:2019 の附属書 E に示された項目について，混合物の場合は，混合物としての情報を記載します（表 4.3，p. 109～110）．ただし，n-オクタノール/水分配係数（log 値）は，混合物については記載しなくてもよいです．また，引火点は JIS Z 7253:2019 の附属書 E で，混合物としての値がない場合，主として混合物の引火点に寄与するものとして，最も低い引火点をもつ物質の引火点を示すことになりました．沸点，自然発火点についても混合物の値がない場合には，成分で最も低い値を示すことになっています．その他のデータとして放射性，かさ密度，燃焼持続性（輸送において引火性の除外を考慮する場合の持続的な燃焼性についての情報）など，当該化学品の安全な使用に関する情報も示すことが望ましいです．単位は，JIS Z 8202-8 および JIS Z 8203 に従い国際単位系（SI）を主表示とし，SI 以外の単位を併記してもよく，可能な場合，測定方法を記載します．

● 第 10 項 ― 安定性及び反応性

当該化学品の安定性，特定条件下で生じる危険な反応などについて記載します．旧 JIS では，「化学品の本来の意図される使用及び合理的に予見可能な誤使用を考慮することが望ましい」とされていましたが，これは 2019 年の改正で削除されました．

自己重合性などの反応性，化学的安定性，危険有害反応可能性，避けるべき条件（熱（特定温度以上の加熱など），圧力，衝撃，静電気放電，振動などの物理的応力など），混触危険物質（混合，接触させた場合に生じる危険有害性物質），危険有害な分解生成物（使用，保管，加熱によって生じる予測可能な危険有害性物質）を記載します．

鈍性化爆発物については，鈍性化を確認するための貯蔵期間や手順について，特に湿潤によって鈍性化されている場合は，均一性を保ち通常の貯蔵や取扱いで分離しないように特記し，鈍性化されなくなった場合の危険性を避けるための情報を記載します．

● 第 11 項 ― 有害性情報

GHS の健康有害性のクラス（表 2.1，p. 14）ごとに GHS 分類の根拠となる情報を記載します．生殖細胞変異原性の小項目には，体細胞を用いる *in vivo* 遺伝毒性試験または *in vitro* 変異原性試験の情報を記載しますが，この情報は，発がん性の小項目に記載してもよいことになりました．有害性の情報が入手できない場合または化学品が分類判定基準に合致しない場合は，その旨（分類できないまたは区分に該当しない）記載することとされています．混合物の場合，各有害性クラスについて，混合物としての毒性情報と GHS 分類を記載します．混合物全体として試験されていない場合は，成分についての有害性情報と GHS 分類を記載します．なお，混合物としての GHS 分類方法は，JIS Z 7252：2019 や事業者向け GHS 分類ガイダンスに従って判断します．

安衛法の政省令の改正では，「人体に及ぼす作用」（有害性の情報）を，定期的（5 年以内）に確認し，変更があるときは 1 年以内に更新し，更新した場合は，SDS 通知先に変更内容を適切な時期に通知することになりました（2023（令和 5）年 4 月 1 日施行）．施行日時点において現に存する SDS については，施行日から 5 年以内（2028（令和 10）年 3 月 31 日まで）に 1 回目の確認を行う必要があるので注意が必要です．

● 第 12 項 ― 環境影響情報

環境生物への毒性や環境分布，挙動に関する情報を記載します．生態毒性（生物種，試験継続期間および試験条件など），残留性・分解性，生体蓄積性，土壌中の移動性，オゾン層への有害性について記載し，これらの有害性項目については常に記載します．有害性情報が入手できない場合または化学品が分類判定基準に合致しない場合は，その旨（分類できないまたは区分に該当しない）を記載することとされました．混合物中の各成分について情報が入手可能である場合には成分ごとの情報を記載します．

● **第 13 項 ― 廃棄上の注意**

廃棄する際に注意すべき点について記載します. 環境に配慮して, 空容器や包装などをリサイクルした方がよい場合は, 適宜その旨を記載することが望ましいです. 対象物の廃棄だけでなく, 付着した汚染容器, 包装の廃棄方法についても, 特記すべき注意事項があれば記載します. 毒劇法や廃棄物処理法に該当する場合は, その基準に基づく内容などについて記載します.

● **第 14 項 ― 輸送上の注意**

輸送に関する国際規制（陸上, 海上, 航空）について記載します. 国連番号, 品名(国連輸送名), 国連分類, 容器等級, 海洋汚染物質, MARPOL 73/78 附属書 II および IBC コードによるばら積み輸送される液体物質について記載します. 海洋汚染物質は, 環境有害物質の判定基準（水生環境有害性 短期（急性）区分 1 および水生環境有害性 長期（慢性）区分 1,2）に該当する場合以外に, 船舶安全法の危険物船舶運送及び貯蔵規則（危規則）で「P」が付されている場合も該当します. 輸送または輸送手段に関する特別の安全対策については, 使用者が輸送または輸送手段に関連して留意する必要がある事柄について記載します. さらに, 国内規制がある場合の規制情報として, 輸送に関連する国内規制がある場合, その情報を必ず記載することになりました. 緊急時応急措置の指針番号（Q34, p. 120）に該当する際も, 記載することになると考えられます.

● **第 15 項 ― 適用法令**

適用される国内法規制についての情報を記載する項目です. 化学品の SDS 提供が義務化されている SDS 三法（安衛法, 化管法, 毒劇法）に該当する場合には, 該当成分の名称とともに該当法規制の名称およびその法規制に基づく規制に関する情報を記載します. 安衛法の政省令の改正で, がん原性物質*, 皮膚等障害化学物質等（第 4 章, Q24）に該当する場合も記載します. また,

---

* リスクアセスメント対象物のうち, 国が行う化学物質の有害性の分類の結果, 発がん性の区分が区分 1 に該当するもので, 2021（令和 3）年 3 月 31 日までの間において当該区分に該当すると分類されたもの（エタノール, 特化則の特別管理物質および事業者が臨時に取扱う場合を除く）. https://www.mhlw.go.jp/stf/newpage_29998.html

必要に応じてその他の適用される国内法規制の名称およびその国内法規制に基づく規制に関する情報を成分の名称とともに記載することが望ましいです．

● 第 16 項 — その他の情報

安全上重要であるがこれまでの項目名に直接関連しない情報を記載します．例えば，特定の訓練の必要性，災害事例，推奨される取扱い，特記事項や参照した情報源などを記載してもよいとされています．また，化学物質審査規制法（化審法）の新規化学物質については，2019（平成 31）年 1 月 1 日から改正法が施行され，少量および低生産量新規制度において用途別の排出係数が必要となりました．これに伴い，事業者が添付する用途証明書として用途確認書を作成する以外に，事業者間で締結している売買契約書，品質保証書，納品書などのほかに SDS の第 16 項に用途を限定特記し，申出物質の使用者が署名押印することでもよいとされました．

JIS Z 7252:2019，JIS Z 7253:2019 に準拠したラベル作成例

ラベル表示は，SDS とともに化学品の危険有害性情報を適切に伝達し，化学品を取り扱う人たちの安全性を確保する機能があり，作業現場において化学品を安全に使用するための情報源として活用されています．GHS に対応した化学品のラベル表示の作成について解説します．

日本では GHS に基づいてラベル表示を行わなければならない対象物質は，前述のように安衛法で定められた表示対象物質（2024（令和 6）年 4 月に 896 物質になり，その後毎年追加が予定されています）のみです（含有する混合物では物質ごとに閾値が定められています）．また，化管法（第一種，第二種指定化学物質）については，GHS 対応を奨励するラベル表示が努力義務とされ，毒劇法のラベル表示についても GHS 対応が奨励されています（ラベル表示自体は義務）．JIS Z 7253:2019 でラベルに記載を要求される項目を表 3.11 に示します（GHS 分類の区分はラベルには記載しない）．

JIS Z 7253:2019 では，供給者を特定する情報として，ラベルの供給者名に国内製造事業者などの情報を当該事業者の了解を得たうえで追記してもよいとされ，絵表示は，はっきりと見える 1 つの頂点で正立させた正方形の背景の上

表 3.11 JIS Z 7253 : 2019 でラベルに記載を要求される項目

要 素	内 容
1. 化学品の名称	化学品の名称（化学物質または製品の名称，SDS と一致させる）
2. 危険有害性を表す絵表示	GHS 分類結果に応じて赤色の枠の絵表示を記載する 絵表示は，赤色の枠だけの表示は不可
3. 注意喚起語	GHS 分類結果に応じて記載する（「危険」，「警告」）
4. 危険有害性情報	GHS 分類結果に応じて危険有害性の性質，程度を示す文言を記載する
5. 注意書き	GHS 分類結果に応じて安全対策などの推奨措置を示す文言を記載する
6. 供給者を特定する情報	国内製造事業者などの情報を了解を得たうえで追記してもよい
7. その他国内法令によって表示が求められる事項	各法規制の表示規定に従って記載する（毒劇法の「医薬用外毒物」，消防法の「火気厳禁」など）

　に黒色のシンボルを置き，十分に幅広い赤色の枠で囲むこととされ（黒色の枠は不可），赤色の枠だけの表示は不可とされました．なお，ラベルに用いる絵表示の大きさは，$1\,cm^2$ 以上の面積をもつことが望ましいとされています．このうち，1. 化学品の名称，2. 危険有害性を表す絵表示，3. 注意喚起語，4. 危険有害性情報，5. 注意書きについては，化学品の SDS に記載した情報（第 2 項のラベル要素など）から作成できます．6. 供給者を特定する情報として，化学品の供給者の名前，住所および電話番号をラベルに示します．7. その他国内法令によって表示が求められる事項がある場合は，表 3.12 に記載した各法規制で規定された追加項目を記載します．

　さらに，化学品の輸送時の事故において，緊急応急措置に関する情報を提供するものとして，緊急時応急措置指針があり，化学品の性質に応じた適切な緊急時の措置が国連番号に対応した指針番号として定められています．事故の際，緊急応急対応者が，指針番号から応急措置の情報（容器イエローカード）を入手できます．ラベル表示には緊急時応急措置指針に従った指針番号を国連番号とともに表示することが望ましいと考えられます（Q34，p. 120）．

　JIS Z 7252 : 2019, JIS Z 7253 : 2019 に準拠し，トルエンとエチルベンゼンの混合物である化学品（溶剤 A）のラベル作成例を紹介します（図 3.4）．

　「注意書き」は，適切な事故予防ができ，法規順守ができる場合，省略や編集できますが，小さい容器で包装にラベル要素などのすべての記載事項を印刷

表 3.12　各法規制でラベル表示に追加する項目

法規制	追加項目
労働安全衛生法	成分（任意記載，主成分などを記載する）
毒物及び劇物取締法	「医薬用外」，「医薬用外毒物（赤地に白色の文字）」，「医薬用外劇物（白地に赤色の文字）」，毒物および劇物の名称，成分，含有量，解毒剤の名称，取扱いおよび使用上特に必要な事項，注意書き（塩化水素または硫酸含有製剤，DDVP 含有製剤のみ）
消防法	危険物の品名（成分，含有量），危険等級，化学名，水溶性，危険物の数量，注意事項（「火気厳禁」など），一部除外規定あり
化学物質審査規制法	物質の名称，第一種または第二種特定化学物質であること，当該化学物質の含有率，貯蔵または取扱い上の一般的な注意事項など
高圧ガス保安法	高圧ガスの名称（文字の色，大きさはガスの種類で規定），「燃」（可燃性ガス），「毒」（毒性ガス），なお，法の適用除外となる高圧ガスで液化フルオロカーボンまたはエアゾールの噴射剤を充填した容器は，表示の必要な事項が規定されている
火薬類取締法	火薬類の種類，数量，製造所名および製造年月日，衝撃注意，火気厳禁，取扱いに必要な注意事項，包装などを含む重量
航空法，船舶安全法	標札または標識（同じカテゴリーに属する GHS の絵表示は省略する），品名，国連番号，取扱い上の注意事項，その他の当該危険物に係る情報
海洋汚染防止法	標札（GHS の絵表示の環境有害性と同様であるが大きさは省令による），品名

することが困難な場合，あるいはすべてを印刷したラベルを貼付することが困難な場合*，JIS Z 7253:2019 では，附属書 F が追加され，小さい容器への表示例として，折り畳み式ラベルの例が示されました（図 3.5）．なお，注意書きの選択は，改正安衛法に基づくラベル作成の手引き[15] を参考にできます．また，安衛法の政省令の改正では，ラベル表示対象物を，他の容器に移し替えて保管する場合や，自ら製造したラベル表示対象物を，容器に入れて保管する場合（他容器に一時的に移し替えるだけで保管せず，その場で使い切る場合などは除く）も，ラベル表示（ラベル表示・SDS の交付その他の方法により，当該物の名称と人体に及ぼす作用（有害性の情報）を表示）を行うことが必要となりました（2023（令和 5）年 4 月 1 日施行）．

---

*　国内法規制によって容器，包装に印刷もしくは印刷したラベルを貼付することが求められる事項以外のラベル要素などについては，従来から印刷したタグを容器，包装に結び付けることで表示することになっていました．

製品名　溶剤 A
トルエン 50％，エチルベンゼン 50％，容量 18 kg

危険

危険有害性情報： 引火性の高い液体および蒸気
皮膚刺激
眼刺激
吸入すると有害
呼吸器への刺激のおそれ
眠気またはめまいのおそれ
発がんのおそれの疑い
生殖能または胎児への悪影響のおそれ
授乳中の子に害を及ぼすおそれ
中枢神経系の障害
長期にわたる，または反復ばく露による中枢神経系，腎臓の障害
長期にわたる，または反復ばく露による聴覚器の障害のおそれ
水生生物に非常に強い毒性
長期継続的影響によって水生生物に毒性

注意書き
[安全対策]： 使用前に取扱説明書を入手すること．
すべての安全注意を読み理解するまで取り扱わないこと．
熱，高温のもの，火花，裸火および他の着火源から遠ざけること．禁煙．
容器を密閉しておくこと．
容器を接地すること/アースをとること．
防爆型の電気機器/換気装置/照明機器を使用すること．
火花を発生させない工具を使用すること．
静電気放電に対する措置を講ずること．
粉じん/煙/ガス/ミスト/蒸気/スプレーを吸入しないこと．
妊娠中及び授乳期中は接触を避けること．
取扱い後はよく手を洗うこと．
この製品を使用するときに，飲食または喫煙をしないこと．
屋外又は換気の良い場所でだけ使用すること．
環境への放出を避けること．
保護手袋/保護衣/保護眼鏡/保護面を着用すること．

[応急措置]： **皮膚に付着した場合**：多量の水と石けん（鹸）で洗うこと．
皮膚（または髪）に付着した場合：ただちに汚染された衣類をすべて脱ぐこと．皮膚を流水またはシャワーで洗うこと．
吸入した場合：空気の新鮮な場所に移し，呼吸しやすい姿勢で休息させること．
眼に入った場合：水で数分間注意深く洗うこと．次にコンタクトレンズを着用していて容易に外せる場合は外すこと．その後も洗浄を続けること．

図 3.4　ラベル作成例（つづく）

ばく露またはばく露の懸念がある場合：医師の診断/手当てを受けること．
気分が悪い時は医師に連絡すること．
皮膚刺激が生じた場合：医師の診断/手当てを受けること．
眼の刺激が続く場合：医師の診断/手当てを受けること．
汚染された衣類を脱ぎ，再使用する場合には洗濯をすること．
火災の場合：消火するために適切な消火剤を使用すること．
漏出物を回収すること．

［保　管］：　　換気の良い場所で保管すること．容器を密閉しておくこと．涼しいところ
　　　　　　　に置くこと．
　　　　　　　施錠して保管すること．

［廃　棄］：　　内容物/容器を都道府県知事の許可を受けた専門の廃棄物処理業者に依頼
　　　　　　　して廃棄すること．

　　消防法　危険物　第 4 類第 1 石油類　非水溶性液体　危険等級 II　火気厳禁

指針番号：127
国連番号：1993

会社名　　：　#### 株式会社
担当部署：　#### 部
住所　　　：　〒123-####　　東京都 ######
電話番号：　03-####-###

改正 JIS 対応のポイント
供給者名に国内製造事業者などの
情報を了解を得たうえで追記可．

図 3.4　ラベル作成例（つづき）

第 3 章参考資料

1）United Nations Economic Commission for Europe（UNECE），About the GHS（ダウンロード可能），http://www.unece.org/trans/danger/publi/ghs/ghs_welcome_e.html
2）経済産業省，GHS 分類ガイダンス，https://www.meti.go.jp/policy/chemical_management/int/ghs_tool_01GHSmanual.html
3）経済産業省，事業者向け GHS 分類ガイダンス（令和元年度改訂版（Ver. 2.0）），https://www.meti.go.jp/policy/chemical_management/int/files/ghs/GHS_gudance_rev_2020/GHS_classification_gudance_for_enterprise_2020.pdf
4）製品評価技術基盤機構，NITE 化学物質総合情報提供システム（NITE-CHRIP），https://www.nite.go.jp/chem/chrip/chrip_search/systemTop
5）日本化学工業協会，化学物質リスク評価支援ポータルサイト（JCIA BIGDr），https://www.jcia-bigdr.jp/jcia-bigdr/top
6）環境省，化学物質情報検索支援システム（ChemiCOCO），https://www.chemicoco.env.go.jp/
7）経済産業省，化学物質排出把握管理促進法，化管法に基づく SDS・ラベル作成ガイド，https://www.meti.go.jp/policy/chemical_management/law/
8）厚生労働省，GHS 対応モデルラベル・モデル SDS 情報，http://anzeninfo.mhlw.go.jp/anzen_pg/ghs_msd_fnd.aspx
9）国立医薬品食品衛生研究所（NIHS），国際化学物質安全性カード（ICSC）—日本語版—，http://www.nihs.go.jp/ICSC/
10）OSHA Occupational Chemical Database Advanced Search，https://www.osha.gov/chemicaldata/search

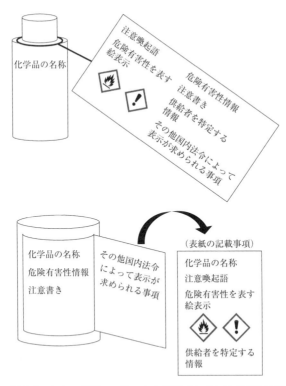

図 3.5 小さい容器へのラベル表示例（タグを結び付ける例
および折り畳み式ラベルの例）

11）厚生労働省，化学物質による健康障害防止のための濃度の基準の適用等に関する技術上の指針（令和 5 年 4 月 27 日 技術上の指針公示第 24 号），https://www.mhlw.go.jp/stf/newpage_32871.html
12）GHS 混合物分類判定ラベル /SDS 作成支援システム（NITE-Gmiccs），https://www.ghs.nite.go.jp/
13）日本産業衛生学会，産業衛生学雑誌，**65**（5），268（2023）．
https://www.sanei.or.jp/files/topics/oels/oel.pdf
14）基安化発 0531 第 1 号（令和 4 年 5 月 31 日），https://jsite.mhlw.go.jp/aichi-roudoukyoku/content/contents/001165627.pdf
15）日本化学工業協会，改正安衛法に基づくラベル作成の手引き，https://www.nikkakyo.org/news/page/6206

❖❖❖　コ ラ ム　❖❖

JIS Z 7252：2019 改正で皮膚腐食性/刺激性に追記された事項

　皮膚腐食性/刺激性の GHS 分類を行う際に，今回の JIS Z 7252：2019 改正で，混合物の分類について追記された事項があります．「皮膚腐食性（区分1）の細区分を用いる場合，混合物を 1A，1B，1C に分類するためには，区分 1A，1B，1C と分類されている混合物の成分の合計が，各々 5% 以上であること．1A の対象成分となる濃度が 5% 未満の場合で 1A+1B の濃度が 5% 以上の場合には，1B と分類する．同様に 1A+1B の対象成分となる濃度が 5% 未満の場合でも 1A+1B+1C の合計が 5% 以上であれば 1C に分類する．混合物の少なくとも一つの成分が細区分なしに区分 1 に分類されている場合には，皮膚に対して腐食性である成分の合計が 5% 以上である場合，混合物は細区分なしに区分 1 と分類する」という部分です．混合物の化学品で皮膚腐食性/刺激性の GHS 分類で区分 1A，1B，1C に分類する場合の考え方が明確化されました．

❖❖

安全データシート（SDS）

1. 化学品及び会社情報

化学品の名称　　　　　　　溶剤 A
製品コード　　　　　　　　A001

供給者の会社名称　　　　　#### 株式会社
担当部署　　　　　　　　　#### 部
住所　　　　　　　　　　　〒123-#### 東京都 ######
電話番号　　　　　　　　　03-####-####
供給者のファクシミリ番号　03-####-####
電子メールアドレス　　　　ADC@##
緊急連絡電話番号　　　　　03-####-####
推奨用途　　　　　　　　　一般工業用
使用上の制限　　　　　　　食品用途に使用しない事
国内製造事業者等の情報　　（必要に応じて記載）

> **改正安衛法対応のポイント**
> 譲渡提供時に想定される用途および当該用途における使用上の注意をそれぞれ推奨用途と使用上の制限に記載する．想定される用途以外での使用を制限するものではないが，リスクアセスメントに関係する情報となる．

2. 危険有害性の要約

化学品の GHS 分類
物理化学的危険性
　引火性液体　　　　　　　　区分 2
健康に対する有害性
　急性毒性（吸入：蒸気）　　区分 4
　皮膚腐食性 / 皮膚刺激性　　区分 2
　眼に対する重篤な損傷性 /
　眼刺激性　　　　　　　　　区分 2B
　発がん性　　　　　　　　　区分 2
　生殖毒性　　　　　　　　　区分 1
　生殖毒性・授乳に対する又は授　追加区分
　乳を介した影響
　特定標的臓器毒性（単回ばく露）　区分 1（中枢神経系），区分 3（気道刺激性，麻酔作用）
　特定標的臓器毒性（反復ばく露）　区分 1（中枢神経系，腎臓，聴覚器，神経系）
環境に対する有害性
　水生環境有害性 短期（急性）　区分 1
　水生環境有害性 長期（慢性）　区分 2

1/14

61

溶剤 A　　　　　　　　　　　　　　　　　　　　作成日：2023 年 9 月 1 日

GHS ラベル要素
絵表示

注意喚起語	危険
危険有害性情報	引火性の高い液体および蒸気
	皮膚刺激
	眼刺激
	吸入すると有害
	呼吸器への刺激のおそれ
	眠気またはめまいのおそれ
	発がんのおそれの疑い
	生殖能または胎児への悪影響のおそれ
	授乳中の子に害を及ぼすおそれ
	中枢神経系の障害
	長期にわたる，または反復ばく露による中枢神経系，腎臓，聴覚器，神経系の障害
	水生生物に非常に強い毒性
	長期継続的影響によって水生生物に毒性
注意書き	
［安全対策］	使用前に取扱説明書を入手すること．
	すべての安全注意を読み理解するまで取り扱わないこと．
	熱／火花／裸火／高温のもののような着火源から遠ざけること．禁煙．
	容器を密閉しておくこと．
	容器を接地すること／アースをとること．
	防爆型の電気機器／換気装置／照明機器を使用すること．
	火花を発生させない工具を使用すること．
	静電気放電に対する措置を講ずること．
	粉じん／煙／ガス／ミスト／蒸気／スプレーを吸入しないこと．
	妊娠中および授乳期中は接触を避けること．
	取扱い後はよく手を洗うこと．

2/14

溶剤 A　　　　　　　　　　　　　　　　　　　　　　　作成日：2023 年 9 月 1 日

この製品を使用するときに，飲食又は喫煙をしないこと．

屋外または換気の良い場所でのみ使用すること．

環境への放出を避けること．

保護手袋/保護衣/保護眼鏡/保護面を着用すること．

［応急措置］　　　　　　　　　　**皮膚に付着した場合**：多量の水と石けん（鹸）で洗うこと．

皮膚（または髪）に付着した場合：ただちに汚染された衣類をすべて脱ぐこと．皮膚を流水またはシャワーで洗うこと．

吸入した場合：空気の新鮮な場所に移し，呼吸しやすい姿勢で休息させること．

眼に入った場合：水で数分間注意深く洗うこと．次にコンタクトレンズを着用していて容易に外せる場合は外すこと．その後も洗浄を続けること．

ばく露またはばく露の懸念がある場合：医師の診断/手当てを受けること．

気分が悪いときは医師に連絡すること．

皮膚刺激が生じた場合：医師の診断/手当てを受けること．

眼の刺激が続く場合：医師の診断/手当てを受けること．

汚染された衣類を脱ぎ，再使用する場合には洗濯をすること．

火災の場合：消火するために適切な消火剤を使用すること．

漏出物を回収すること．

［保管（貯蔵）］　　　　　　　　換気の良い場所で保管すること．容器を密閉しておくこと．涼しいところに置くこと．

施錠して保管すること．

［廃棄］　　　　　　　　　　　　内容物/容器を都道府県知事の許可を受けた専門の廃棄物処理業者に依頼して廃棄すること．

GHS 分類に関係しない又は GHS で扱われない他の危険有害性

情報なし

3/14

63

溶剤 A　　　　　　　　　　　　　　　　　　　　　作成日：2023 年 9 月 1 日

重要な徴候および想定される非常事態の概要
　皮膚刺激，眼刺激，吸入すると有害，呼吸器への刺激のおそれ，眠気またはめまいのおそれ，発がんのおそれの疑い，生殖能または胎児への悪影響のおそれ，授乳中の子に害を及ぼすおそれ，中枢神経系の障害，長期にわたるまたは反復ばく露による中枢神経系，腎臓，聴覚器，神経系の障害．

> **改正安衛対応のポイント**
> 成分および含有量（重量％）を記載．製品の特性上，含有量に幅が生じるものは，濃度範囲による記載も可能．特別規則等以外の物質で営業上の秘密に該当する場合，その旨を記載し，① 秘密保持契約などを結び別途通知することで成分，重量％の省略が可能．② 10％の幅値での記載が可能，この場合は相手方の事業者から秘密保持契約等の締結を条件に，リスクアセスメント実施に必要な範囲内でより詳細な内容を通知する．

3.　組成及び成分情報

化学物質・混合物の区別
　混合物

組成，成分情報

化学名または一般名	CAS 番号	化審法官報整理番号	化管法政令番号	安衛法通知政令番号	濃度または濃度範囲(wt%)
トルエン	108-88-3	3-2	300	407	50
エチルベンゼン	100-41-4	3-28	53	70	50

4.　応急措置

> **改正化管法対応のポイント**
> 化管法指定化学物質の政令番号および管理番号の記載は任意．記載する場合は，1 つの指定化学物質に固有の 1 つの番号が維持される管理番号の記載が推奨される．政令名称および含有量を有効数字 2 桁の重量パーセントで記載する．

応急措置

吸入した場合	新鮮な空気の場所に移動する．症状が続く場合には医師の診断を受ける．
皮膚に付着した場合	ただちに大量の水で洗浄する．炎症が発生し，症状が続く場合には医師の診断を受ける．
眼に入った場合	少なくとも 15 分間，水で洗浄する．炎症が発生，若しくは症状が続く場合には医師の診断を受ける．
飲み込んだ場合	口をすすぎ，ただちに医師の診断を受ける．

急性症状及び遅発性症状の最も重要な徴候症状
　情報なし

応急措置をする者の保護に必要な注意事項

　救助者は該当物質を認識し，適切な防護具を着用し，汚染の拡大を防ぐ.

医師に対する特別な注意事項

　症状に対応した治療法を行う.

5. 火災時の措置

適切な消火剤

　水噴霧，二酸化炭素消火剤，粉末消火剤，泡消火剤を使用する.

使ってはならない消火剤

　火災が周辺に広がるおそれがあるため，高圧水流の使用を避ける.

火災時の特有の危険有害性

　二酸化炭素，一酸化炭素，窒素酸化物，黒煙が発生する可能性がある.

特有の消火方法

　火元への燃焼源を断ち，消火剤を使用して消火する.

　消火活動は風上から行う.

　火災場所の周辺には関係者以外の立ち入りを規制する.

　延焼のおそれのないよう水スプレーで周囲のタンク，建物などの冷却をする.

　危険でなければ火災区域から容器を移動する.

消火活動を行う者の特別な保護具及び予防措置

　消火作業の際は，適切な自給式呼吸器用保護具，眼や皮膚を保護する耐熱性防護服を着用する.

6. 漏出時の措置

人体に対する注意事項，保護具及び緊急時措置

　十分な換気を確認し，適切な保護具（保護手袋，保護服，保護眼鏡）を着用する.

環境に対する注意事項

　地下水の汚染を防ぐ. 物質が排水路・水路に流入することを防ぐ. 環境影響情報の詳細については「12. 環境影響情報」を参照する. 重大な漏出が避けられない場合には地方自治体に連絡する.

封じ込め及び浄化の方法及び機材
危険でなければ漏れを止める．
少量の場合，ウエス，雑巾などでよく拭き取り適切な廃棄容器に回収する．
大量の場合，盛土で囲って流出を防止し，安全な場所に導いてから回収する．
取扱いや保管場所の近傍での飲食の禁止．
すべての発火源を速やかに取り除く（近傍での喫煙，火花や火炎の禁止）．

二次災害の防止策
排水溝，下水溝，地下室あるいは閉鎖場所への流入を防ぐ．

7. 取扱い及び保管上の注意

取扱い

技術的対策	「8. ばく露防止及び保護措置」に記載の措置を行い，必要に応じて保護具を着用する．
安全取扱注意事項	取扱い後はよく手を洗うこと． 熱/火花/裸火/高温のもののような着火源から遠ざけること．禁煙． 容器を接地すること，アースをとること． 防爆型の電気機器，換気装置，照明機器を使用すること． 火花を発生させない工具を使用すること． 静電気放電に対する措置を講ずること．
接触回避	「10. 安定性及び反応性」を参照．
衛生対策	取扱い後はよく手を洗うこと．

保　管

技術的対策	保管場所には危険・有害物を貯蔵し，または取り扱うために必要な照明および換気の設備を設ける． 静電気放電に対する措置を講ずること．
混触禁止物質	強酸化剤，強酸，強塩基など
安全な保管条件	乾燥し，換気された場所に密閉保管する．光を避ける．
安全な容器包装材料	破損，漏れのない密閉可能な容器．

8. ばく露防止及び保護装置

管理濃度
トルエン 20 ppm
エチルベンゼン 20 ppm

> **改正安衛法対応のポイント**
> 管理濃度，許容濃度，濃度基準値（厚生労働大臣が定める濃度の基準）を記載すること．想定される用途での使用において吸入または皮膚や眼との接触を保護具で防止するため必要とされる保護具の種類を記載すること．

溶剤 A   作成日：2023 年 9 月 1 日

濃度基準値（厚生労働大臣が定める濃度の基準）
（設定された場合は記載）

許容濃度（ばく露限界値，生物学的指標）
日本産業衛生学会（2023）　　　50 ppm，188 mg/m^3（トルエン），経皮吸収
　　　　　　　　　　　　　　　50 ppm，217 mg/m^3（エチルベンゼン），経皮吸収
ACGIH TLV-TWA（2023）　　　20 ppm（トルエン）
　　　　　　　　　　　　　　　20 ppm（エチルベンゼン）

設備対策
取扱いの場所の近くに洗眼および身体洗浄剤のための設備を設ける．
高温下やミストが発生する場合は換気装置を使用する．

保護具
呼吸用保護具　　　　　　　　呼吸用保護具（有機ガス用防毒マスクなど）を着用する．
手の保護具　　　　　　　　　不浸透性の保護手袋を着用する．
眼，顔面の保護具　　　　　　サイドシールド付きの保護眼鏡を着用する．飛沫が発生す
　　　　　　　　　　　　　　るおそれがある場合にはゴーグルを着用する．
皮膚及び身体の保護具　　　　適切な顔面用の保護具，衣類および保護靴などを着用する．

特別な注意事項
保護具は定期的に点検を行う．

9. 物理的及び化学的性質

物理状態，色　　　　　　　　　　透明液体
臭い　　　　　　　　　　　　　　特徴的な臭い
融点 / 凝固点　　　　　　　　　　情報なし
沸点又は初留点及び沸点範囲　　　124℃
可燃性　　　　　　　　　　　　　情報なし
爆発下限及び爆発上限界 / 可燃限界　情報なし
引火点　　　　　　　　　　　　　11.2℃（密閉式）
自然発火点　　　　　　　　　　　情報なし
分解温度　　　　　　　　　　　　情報なし
pH　　　　　　　　　　　　　　　情報なし
動粘性率　　　　　　　　　　　　情報なし
溶解度　　　　　　　　　　　　　水：不溶

溶剤 A   作成日：2023 年 9 月 1 日

n-オクタノール/水分配係数（log 値）	情報なし
蒸気圧	情報なし
密度および/または相対密度	情報なし
相対ガス密度	情報なし
粒子特性	該当しない
その他のデータ	情報なし

10. 安定性及び反応性

反応性	通常の取扱い条件下では反応しない.
化学的安定性	通常の取扱い条件下では安定である.
危険有害反応可能性	通常の取扱い条件下では危険な重合を起こさない.
避けるべき条件	光，熱，炎，火花を避ける.
混触危険物質	強酸化剤，強酸，強塩基など
危険有害な分解生成物	黒煙が発生する可能性がある.

> **改正安衛法対応のポイント**
> 通常発生する一酸化炭素，二酸化炭素および水以外の予想される危険有害な分解生成物を記載.

11. 有害性情報

製品の有害性情報
　情報なし

> **改正安衛法対応のポイント**
> 「人体に及ぼす作用」（対象物質の有害性の情報）を，定期的（5 年以内）に確認し，変更があるときは 1 年以内に更新すること．更新した場合は，SDS 通知先に変更内容を適切な時期に通知する.

成分の有害性情報
トルエン

急性毒性（経口）	ラット LD_{50} = 5,000 mg/kg　区分に該当しない
急性毒性（経皮）	ラット LD_{50} = 12,000 mg/kg　区分に該当しない
急性毒性（吸入：ガス）	GHS の定義における液体である．区分に該当しない
急性毒性（吸入：蒸気）	ラット LC_{50} = 3,319〜7,646 ppm/4h　区分 4
急性毒性（吸入：粉じん，ミスト）	データなし．分類できない
皮膚腐食性/刺激性	ウサギ 7 匹に試験物質 0.5 mL を 4 時間の半閉塞適用した試験において，中等度の刺激性を示した．区分 2
眼に対する重篤な損傷性/眼刺激性	ウサギ 6 匹に試験物質 0.1 mL を適用した試験において，軽度の刺激性を示した．区分 2B
呼吸器感作性	データなし．分類できない

溶剤 A   作成日：2023 年 9 月 1 日

皮膚感作性	モルモットのマキシマイゼーション試験（EU guideline B6, GLP）において，50% 溶液による惹起処理に対し，20 匹中 1 匹に反応が認められたのみで陽性率は 5%（1/20）の結果から，この試験で本物質は皮膚感作性物質ではないと結論づけられた．区分に該当しない
生殖細胞変異原性	マウスに経口または吸入投与した優性致死試験（生殖細胞 *in vivo* 変異原性試験）において 2 件の陰性結果．区分に該当しない
発がん性	IARC の発がん性評価でグループ 3（1999），ACGIH で A4（2007），U.S.EPA でグループ D（2007）に分類されている．区分に該当しない
生殖毒性	ヒトにおいて，トルエンを高濃度または長期吸引した妊婦に早産，児に小頭，耳介低位，小鼻，小顎，眼瞼裂など胎児性アルコール症候群類似の顔貌，成長阻害や多動など報告される．また，トルエンは容易に胎盤を通過し，また母乳に分泌されるとの報告がある．区分 1A，追加区分：授乳に対するまたは授乳を介した影響
特定標的臓器毒性（単回ばく露）	ヒトで 750 mg/m^3 を 8 時間の吸入ばく露で筋脱力，錯乱，協調障害，散瞳，3,000 ppm では重度の疲労，著しい嘔気，精神錯乱など，さらに重度の事故によるばく露では昏睡に至っている．ヒトで本物質は高濃度の急性ばく露で容易に麻酔作用を起こし，さらに，低濃度（200 ppm）のばく露されたボランティアが一過性の軽度の上気道刺激を示した．区分 1（中枢神経系），区分 3（気道刺激性，麻酔作用）
特定標的臓器毒性（反復ばく露）	トルエンに平均 29 年間ばく露されていた印刷労働者 30 名と対照者 72 名の疫学調査研究で，疲労，記憶力障害，集中困難，情緒不安定，その他に神経衰弱性症状が対照群に比して印刷労働者に有意に多く，神経心理学的テストでも印刷労働者の方が有意に成績が劣った．また，嗜癖でトルエンを含有した溶剤を吸入していた 19 歳男性で，悪心嘔吐が続き入院し，腎生検で間質性腎炎が認められ腎障害を示した．区分 1（中枢神経系，腎臓）

溶剤 A	作成日：2023 年 9 月 1 日

誤えん有害性　　　　　　　炭化水素であり，動粘性率は $0.86\,mm^2/s$（40℃）である．区分 1

エチルベンゼン
急性毒性（経口）　　　　　　ラット $LD_{50} = 3,500\,mg/kg$ 区分に該当しない
急性毒性（経皮）　　　　　　ウサギ $LD_{50} = 15,400\,mg/kg$ 区分に該当しない
急性毒性（吸入：ガス）　　　GHS の定義における液体である．区分に該当しない
急性毒性（吸入：蒸気）　　　ラット $LC_{50} = 4,000\,ppm/4h$　区分 4
急性毒性（吸入：粉じん，ミスト）　ラット $LC_{50} = 55\,mg/L/2h$　区分に該当しない
皮膚腐食性/皮膚刺激性　　　データ不足のため分類できない
眼に対する重篤な損傷性/眼刺激性　ウサギを用いた眼刺激性試験（原液を 0.5 mL 適用）において，軽度の刺激反応がみられた．区分 2B
呼吸器感作性　　　　　　　データ不足のため分類できない．
皮膚感作性　　　　　　　　ボランティア 25 人を対象としたヒト反復侵襲パッチテスト（HRIPT）において，本物質 10% 含有ワセリン混合物を適用したところ，皮膚感作性反応はみられなかった．区分に該当しない．
生殖細胞変異原性　　　　　*in vivo* では，マウス骨髄を用いた小核試験（腹腔内投与，24 時間間隔で 2 回，650 mg/kg/回）およびマウス末梢血赤血球を用いた小核試験（吸入ばく露，13 週間，最大 1,000 ppm）の 2 つの小核試験とマウス肝細胞を用いた不定期 DNA 合成試験で，いずれも陰性であった．*in vitro* では，細菌復帰突然変異試験，ほ乳類培養細胞（ラット肝細胞株（RL1，RL4）およびチャイニーズハムスター卵巣細胞）を用いた染色体異常試験の結果はすべて陰性であったが，マウスリンパ腫細胞（L5878Y）を用いた遺伝子突然変異試験およびシリアンハムスター胚細胞を用いた小核試験では陽性（-S9）の結果であった．区分に該当しない．
発がん性　　　　　　　　　IARC（2000）で 2B，ACGIH（2011）で A3，日本産業衛生学会では第 2 群 B（2001）に分類されている．区分 2
生殖毒性　　　　　　　　　日本産業衛生学会は本物質を生殖毒性物質第 2 群に分類（2014）している．本物質は生殖毒性を根拠に女性労働基準規則の対象物質に指定されている．区分 1B

10/14

溶剤 A　　　　　　　　　　　　　　　　　　　　作成日：2023 年 9 月 1 日

特定標的臓器毒性（単回ばく露）	ヒトでの知見において気道刺激性および麻酔作用がみられる．区分 3（気道刺激性，麻酔作用）
特定標的臓器毒性（反復ばく露）	ヒトでの知見において聴覚器および神経系への影響がみられ，動物での知見において聴覚器への影響がみられた．区分 1（聴覚器，神経系）
誤えん有害性	炭化水素であり，動粘性率が 0.63 mm^2/s（40℃）である．区分 1

12. 環境影響情報

製品の環境影響情報

　情報なし

成分の環境影響情報

　トルエン

生態毒性	甲殻類（*Ceriodaphnia dubia*）48 時間 EC$_{50}$ = 3.78 mg/L
	甲殻類（*Ceriodaphnia dubia*）7 日間 NOEC = 0.74 mg/L
残留性・分解性	2 週間での BOD による分解度：123％
生態蓄積性	log K_{ow} = 2.73
土壌中の移動性	情報なし
オゾン層への有害性	該当しない

　エチルベンゼン

生態毒性	甲殻類（ベイシュリンプ）96 時間 LC$_{50}$ = 0.42 mg/L
	甲殻類（ネコゼミジンコ）7 日間 NOEC = 0.956 mg/L
残留性・分解性	BOD による分解度：0％
生態蓄積性	情報なし
土壌中の移動性	情報なし
オゾン層への有害性	該当しない

13. 廃棄上の注意

化学品，汚染容器および包装の安全で，かつ環境上望ましい廃棄，またはリサイクルに関する情報

残余廃棄物

　廃棄においては，関連法規制ならびに地方自治体の基準に従うこと．都道府県知事などの許可を受けた産業廃棄物処理業者，または地方公共団体が廃棄物処理を行っている場合は

溶剤 A　　　　　　　　　　　　　　　　　　　作成日：2023 年 9 月 1 日

そこに委託して処理する．

汚染容器及び包装

容器は洗浄してリサイクルするか，関連法規制ならびに地方自治体の基準に従って適切な処分を行う．空容器を廃棄する場合は，内容物を完全に除去すること．

14. 輸送上の注意

国際規制

陸上輸送（ADR/RID の規定に従う）

国連番号	1993
品名（国連輸送名）	その他の引火性液体，他に品名が明示されていないもの
国連分類	3
副次危険性	該当しない
容器等級	II

海上輸送（IMO の規定に従う）

国連番号	1993
品名（国連輸送名）	その他の引火性液体，他に品名が明示されていないもの
国連分類	3
副次危険性	該当しない
容器等級	II
海洋汚染物質	該当する
MARPOL 73/78 附属書 II および IBC コードによるばら積み輸送される液体物質	該当しない

航空輸送（ICAO/IATA の規定に従う）

国連番号	1993
品名（国連輸送名）	その他の引火性液体，他に品名が明示されていないもの
国連分類	3
副次危険性	該当しない
容器等級	II

溶剤 A   作成日：2023 年 9 月 1 日

輸送又は輸送手段に関する特別の安全対策
　輸送に際しては，容器の破損，腐食，漏れのないように積み込み，荷崩れの防止を確実に行う.

国内規制がある場合の規制情報

陸上規制情報	消防法，道路法に従う
海上規制情報	船舶安全法，港則法に従う
海洋汚染物質	該当する
航空規制情報	航空法に従う
緊急時応急措置指針番号	127

> 適用法令は，JIS Z 7253:2019 では，SDS 三法（化管法，安衛法，毒劇法），その他の法規制に該当する場合は，成分の名称とともに，該当法規制の名称，及び規制に関する情報を記載する.

15. 適用法令

該当法令の名称およびその法令に基づく規制に関する情報

化学物質審査規制法	優先評価化学物質（トルエン，エチルベンゼン）
化学物質排出把握管理促進法	第一種指定化学物質（トルエン，エチルベンゼン）（1 質量％以上を含有する製品）
労働基準法	疾病化学物質（トルエン）
労働安全衛生法	名称などを表示すべき危険物および有害物（トルエン）（0.3 重量％以上含有する製剤その他のもの），（エチルベンゼン）（0.1重量％以上を含有する製剤その他）名称などを通知すべき危険物および有害物（トルエン，エチルベンゼン）（0.1 重量％以上を含有する製剤その他のもの）危険性または有害性などを調査すべきもの（トルエン，エチルベンゼン）第二種有機溶剤等（トルエン）特定化学物質等　第 2 類物質（エチルベンゼン）
消防法	第 4 類引火性液体，第一石油類非水溶性液体
大気汚染防止法	有害大気汚染物質，優先取組物質（トルエン）排気
水質汚濁防止法	指定物質（トルエン）
悪臭防止法	特定悪臭物質（トルエン）排気
海洋汚染防止法	有害液体物質（Y 類物質）（トルエン，エチルベンゼン）
航空法	引火性液体
船舶安全法	引火性液体類

> **改正安衛法対応のポイント**
> がん原性物質に該当する場合は，該当するがん原性物質の名称を記載すること．皮膚等障害化学物質等に該当する場合も記載する.

溶剤 A		作成日：2023 年 9 月 1 日

港則法	その他の危険物・引火性液体類
麻薬及び向精神薬取締法	麻薬向精神薬原料（トルエン）（50% を超える含有物）

16. その他の情報

参考文献
　NITE GHS 分類結果一覧（2023）
　日本産業衛生学会（2023）許容濃度等の勧告
　ACGIH, American Conference of Governmental Industrial Hygienists（2023）TLVs and
　BEIs.

【注意】
この安全シートは，JIS Z 7252：2019，JIS Z 7253：2019 に準拠し，作成時における入手可能
な製品情報，有害性情報に基づいて作成されているが，必ずしも十分ではない可能性があ
る．このため本製品の取扱いには十分に注意が必要である．この安全シートの記載内容に
ついては，法令の改正および新しい知見などに基づき改訂が必要となる場合がある．この
安全シートの内容は通常の取扱いを対象としたものであるため，特別な取扱いをする場合
には，用途や条件に適した安全対策などを実施することが必要である．

✛✛✛ **コ ラ ム** ✛✛✛✛✛✛✛✛✛✛✛✛✛✛✛✛✛✛✛✛✛✛✛✛✛✛✛✛✛✛✛✛✛✛✛✛✛✛✛

GHS の環境の絵表示から " ひれ " が消えた？

　GHS の絵表示でちょっと面白い出来事が以前ありました．このことを知っているとすれば，あなたは，GHS マニア？　かもしれません．環境の絵表示の魚には，以前 "ひれ" があったのです．

2007 年 GHS 改訂 2 版　　　　　　　　2009 年 GHS 改訂 3 版

　GHS は，国連の GHS 専門家小委員会で改訂の検討がされていますが，2007 年に公表された国連 GHS 文書改訂 2 版までは，確かに "ひれ" が本文にはあったのです（赤色の枠の絵表示には当初から "ひれ" はありません）．しかし，2009 年に公表された国連 GHS 文書改訂 3 版以降にはありません．これは，GHS よりも前に存在した EU の危険物質指令（Directive 67/548/EEC）の環境のシンボルに由来する可能性があると思います．

　EU 指令の環境のシンボルは，CLP 規則に完全に移行した今は，もうお目にかかることはないのですが，これには "ひれ" がありました．国連 GHS 文書の改訂 2 版までは，このひれのある魚のデザインをそのまま利用していたのでは，と推察されます．
　GHS には，情報がなければ分類できないなどの問題点もありますが，危険有害性（ハザード）情報を可視化して伝達するという，注意喚起としてきわめて重要なメリットがあります．化学品の事故防止の鍵は，GHS 分類で危険有害性を見える化した SDS やラベル表示による正確な情報伝達にあるのです．

✛✛✛

❖❖❖ **コ ラ ム** ❖❖

化学物質に関連する法規制はいくつある？

　日本で GHS に対応した SDS やラベルの作成を規定している法規制は，安衛法，化管法，毒劇法です．そのため，この 3 つの法規制は一般に SDS 三法とよばれ，本書でも SDS 三法について解説しました．ところで，化学物質に関連する法規制は日本にはいくつくらいあるかご存知でしょうか？　答えは，残念ながら正確にはわかりません．「もの」は，すべての化学物質であることを考えると，どこまでが化学物質に関連する法規制なのか定義が難しいからです．そうはいいましても，化学物質の製造・輸入，販売，使用，輸送，保管，廃棄などの管理に関係した法規制の数は，おおよそ 40 前後ではないかと思われます．約 40 もある法規制の順守は大切ですが，法規制だけでなく，持続可能な社会を実現するためには，将来にわたる環境との調和やさまざまなリスクを総合的に見極めるバランスのとれた自主的な管理が重要と思います．そのためには状況にあったリスク管理をしていかなくてはなりません．しかし，情報がなければリスクは判断できません．2030 年，意思決定や高度な専門性など人間にしかできない仕事以外は AI が行うようになるとの噂があります．これからは，情報のない場合には AI を活用し，三方よしならぬ未来よしとなることを期待したいと思います．

❖❖

SDS で陥りやすい
問題点とその解決方法
SDS 寺子屋「Q & A 集」

化学品の事故防止の鍵は，危険有害性の可視化につながる SDS やラベル表示による正確な情報伝達にあります．本章では，GHS に準拠した SDS やラベル作成について，セミナーなどでよくご質問いただく問題点の解決方法を具体的に Q&A で解説します．

SDS 作成全般

Q 1 ┃ SDS 三法（安衛法，化管法，毒劇法）に該当しなければ，SDS を作成しなくてもよいでしょうか？

　1993 年に当時の厚生省，通商産業省から告示された「化学物質の安全性に係る情報提供に関する指針」[1] によると，ほぼ現在の SDS に則った書式で危険有害物質について情報提供を求めています．この指針に従い SDS 三法（安衛法，化管法，毒劇法）に該当しない物質などについても情報提供の努力義務（行政指導）があると考えられます．また，消防法，高圧ガス保安法，火薬類取締法に該当する物質については，法規制ごとに危険有害物質を定義しており，SDS 三法（安衛法，化管法，毒劇法）の危険有害性の判断基準である JIS Z 7252:2019 に基づく危険有害性とは異なる判断をしますので，注意する必要があります．したがって，JIS Z 7252:2019 に基づき GHS 分類を行った結果，いずれの危険有害性の分類にもあてはまらなくても，消防法などの法規制に該当する場合，その法規制に則った表示は義務となる場合があります．

　この指針以外にも「化学物質等の危険性又は有害性等の表示又は通知等の促

進に関する指針について」（平成 24 年 3 月 29 日厚労省基発 0329 第 11 号）[2] が
あり，事業者は，JIS Z 7252:2019 や経済産業省が公開している事業者向け
GHS 分類ガイダンスなどに基づき，取り扱うすべての化学物質などについて，
危険性または有害性の有無を判断し，危険有害な化学物質について譲渡提供時
の表示および文書交付（SDS 作成）が望まれます．

　JIS Z 7253:2019 にも「供給者は，産業用又は業務用に製造された化学品に
関わる危険有害性情報を収集し，JIS Z 7252 に従って分類を実施する．化学品
を JIS Z 7252 に従って分類した結果，いずれかの危険有害性クラスのいずれか
の危険有害性区分に該当する場合には，ラベル及び SDS を作成し，また，作
業場内の表示を行うことによって，情報伝達を行う」とされています．また，
「JIS Z 7252 で規定される GHS 分類基準に基づき，危険有害性があると判断し
た化学物質については，GHS 分類に寄与する成分が全ての不純物及び安定化
添加物を含め，分類基準となる濃度（濃度限界）以上含有する場合は，化学物
質の名称及び濃度又は濃度範囲を記載することが望ましい」とされています．

　さらに，安衛法の政省令の改正で 2024 年 4 月 1 日から安衛法に基づくラベ
ルおよび SDS 作成とリスクアセスメント実施義務の対象となる物質（リスク
アセスメント対象物）に，国による GHS 分類で危険有害性が確認されたすべ
ての物質が順次追加されます．したがって，現時点で安衛法に該当しない物質
でも，GHS 分類で危険有害性が確認されている物質を濃度限界以上含む化学
品は SDS を作成することが望ましいといえます．なお，今後の安衛法の義務
対象への追加候補物質は，労働安全衛生総合研究所化学物質情報管理研究セン
ターの Web サイト[3] で公開されています．

Q 2 ‖ 取引先から成形品の SDS を作成するように依頼されましたが，作成する必要はあるでしょうか？

　JIS Z 7252:2019 では，成形品（article）の定義を「液体，粉体又は粒子以外
の製造品目で，製造時に特定の形又はデザインに形作られたものであり，か
つ，最終使用時に全体又は一部分がその形態又はデザインに依存した最終用途
における機能を保持するもの．通常の使用条件下では，含有化学品をごく少
量，例えば，痕跡量しか放出せず，取扱者に対する物理化学的危害又は健康へ

の有害性を示さないもの」としており，混合物の GHS 分類を適用しません．しかし，成形品であっても有害物を放出するものは，ばく露が予見されるため GHS 分類を行うべきと考える必要があります（表3.8（p.37）も参照）．

　安衛法では，労働者による取扱いの過程で固体以外の状態にならず，粉状または粒状にならない製品は，文書交付の対象外とされており，SDS の作成は通常は必要ないと考えられます．さらに，ラベル表示については，金属の純物質の塊などのほか混合物は譲渡提供の過程（輸送，貯蔵中）で固体以外の状態にならず，かつ粉状（粒子径 0.1 mm 以下の吸引性粒子）にならないものが除外されています（安衛法の危険物，皮膚腐食性，可燃性などの GHS 分類がつく場合は除外になりません）．SDS については，労働者による取扱いの過程で固体以外の状態になるかどうかをケースバイケースで判断することになると思います．例えば，切削加工による粉じんのばく露などが予見される場合は，SDS 作成が必要と考えられます．さらに，ペースト状の化学品の判断は難しいのですが，固体に該当するかどうかは，JIS Z 7252:2019 に液体の判定のための試験基準が記載されていますので参考になると思います（ばく露の予見性も考慮します）．

　化管法では，SDS およびラベルを提供しなくてもよい化学品として「固形物」が規定されています．固形物とは，固体以外の状態にならず，粉状または粒状にならない化学品を指しています．事業者による取扱いの過程で溶融，蒸発などをせず，粉状や粒状となって環境中に排出されない化学品のみを対象としています（成形品も同じ考え方になります）．したがって，加熱による溶融加工を行う合金製の管などを譲渡，提供する場合には，化管法に基づく SDS の提供義務およびラベルによる表示の努力義務があります．パイプやゴム（ゴム製のパッキングなど）の化学品などを相手先が切断，研磨などを行い，粉じんのばく露が発生するような化学品も同様に，固形物に該当せず，SDS の提供義務およびラベルによる表示の努力義務があります．

　毒劇法では，「製剤」という概念に該当すると判断する場合は，毒劇物と判定され，SDS による情報提供義務やラベル表示義務があります．製剤とはみなさないものの例は，器具，機器，用具といった概念でとらえられるもの（水銀体温計，自動車用バッテリー，劇物である塗料で塗装された器具，機器など）で，通常の使用において，使用者が毒物または劇物に直接ばく露しないも

のは，おおむね器具，機器，用具にあたり製剤とはみなしませんが，判断がつかない場合は，厚生労働省または都道府県などの自治体へ確認する必要があります．

　成形品でも，取扱い時に粉じんが発生したり，加熱加工時に蒸気が発生したりすることでばく露が予見される場合，SDS を作成することになります．このような成形品の GHS 分類は，混合物として分類するかどうかは，ばく露の状況を考慮したケースバイケースの判断になります．例えば，ゴム製のパッキングに対し，取引先から SDS の提供を依頼された場合，加工などがなく部材などにはめ込むだけであれば，粉状にも粒状にもならず，ばく露もほとんどないと考えられますから，GHS 分類は「分類されない」でよい可能性もあります．そもそも，このような成形品は，SDS の提供義務はないと考えられるからです．

Q 3 ‖ SDS の作成では，ばく露の予見性が重要と思いますが，どのように考えればよいでしょうか？

　密封されている化学品は，安衛法や化管法において，SDS の提供が除外されています（表 3.8（p. 37）も参照）．しかし，一見密封されているようにみえても，使用の過程で蒸発するような（放散性の）化学品は，密封とはいえません．このような化学品は，作業者が化学物質にばく露される可能性が予見されれば，安衛法の SDS 提供の対象とする必要があると考えられます．

　エタノールを 0.1% 以上含有する化学品の場合は，通常，安衛法の SDS 交付およびラベル表示の義務に該当しますが，食品用途の化学品の場合は，一般消費者に提供される食品（飲食店向けの酒類，食品工場向けの味噌，醤油なども含む）であれば，安衛法は適用対象外となります．ただし，原料として業務で使用される段階の食品（保存料，香料，食品添加物など）に含まれる場合は，作業者が食品を製造する工程において，希釈や調合などの作業の際に化学物質にばく露されることが予見されることから，SDS やラベルを作成し情報を提供することが必要です．

　次に，液体の中に粉状の成分が含まれている化学品の場合を考えてみましょう．この化学品が，一般消費者用途であれば SDS 三法は対象外です．また，

消費者製品の慢性的な健康有害性（発がん性，生殖毒性，特定標的臓器毒性（反復暴露）など）は，ばく露状況を勘案したリスク評価（アセスメント）を行うことによって，慢性的な健康有害性の予想されるリスクがある程度以下の場合において GHS 情報を表示しなくてもよいことが認められています（GHS 表示のための消費者製品のリスク評価手法のガイダンス[4]）．しかし，作業の過程で粉じんやミスト，蒸気などが発生し，労働者がばく露する可能性が予見されれば，GHS 分類による有害性に関する情報の提供が必要と考えられます．労働の過程で使用される場合は，液体の化学品なので吸入ばく露はない（だろう）という理由で，有害性情報が除外された SDS が提供された場合は，除外された有害性のリスクアセスメントができず，その程度に応じたリスク管理が難しくなるためです．

Q4 ‖ 粒子状の化学品では，ばく露について，どのように考えればよいでしょうか？

　固体の化学品で固体のサイズを少しずつ小さくしていく工程を考えます．基本的に Q2 で解説したように判断しますが，粒子の小さな粉じんなどでばく露が予見される場合についてもう少し解説します．

　固体の化学品で運搬などの過程で作業者がばく露を受けないような場合でも，切断，研磨などの加工によって粉じんが発生し，作業者が粉体にばく露される可能性がある場合は，GHS 分類を行い，有害性情報の提供が必要です．通常，粉体の吸入毒性試験は，呼吸器系への取込みが可能な粒子径で粉体をコントロールした動物試験でばく露試験を実施し，インハラブル粒子（気道に沈着して有害性を発現する吸引性の粉じん，流体力学的粒子径が 0.1 mm 以下の粒子）またはレスピラブル粒子（肺胞まで達する吸入性の粉じん）として評価します．固体の化学品であっても，切断や研磨などによってインハラブル粒子が発生する場合，有害性情報の提供が必要と考えられます．

　また，厚生労働省より施行された「粉状物質の有害性情報の伝達による健康障害防止のための取組について」（平成 29 年 10 月 24 日厚労省基安発 1024 号第 1 号）[5] では，安衛法の表示や通知（文書の交付）義務の対象とならない有害性が低い粉状物質であっても，長期間にわたって多量に吸入すれば，肺障害

の原因となり得るため（粉じん障害防止規則の対象となっていない化学物質でも），化学工場において高分子化合物を主成分とする粉状物質に高濃度でばく露した作業者に，肺の線維化や間質性肺炎などの肺疾患が生じているため，SDSの提供により粉状物質の有害性情報が的確に伝達されるように努めるべきであるとされました．

Q 5 ‖ 分解などで危険有害物が発生する化学品のSDSは，どのように作成すればよいでしょうか？

　ポリマー（高分子）からなる化学品で，SDS三法に該当する成分が含まれていない場合でも，販売先で使用される際に，加熱加工されSDS三法に該当する成分が分解性物質として発生することがあります．このような場合，法規制的には，SDSの提供およびラベル表示の義務はないと考えられます．ただし，注意喚起として，その旨記載した取扱説明書，SDS，ラベル表示を任意で作成することが望ましいと思われます．この場合のGHS分類は，基本的には分解性物質の危険有害性に基づく分類や表示は行いませんが，分解性物質の情報は，参考情報として**第11項 ― 有害性情報**，**第12項 ― 環境影響情報**にそれぞれ記載し，**第8項 ― ばく露防止及び保護措置**には許容濃度や保護具の記載を行うことが事故防止の観点から重要と考えられます．

　似たようなケースで，危険性をもつ化学品に水分などの安定化剤を含有させることによって危険性が発現しないようにして流通させている化学品があります．このような化学品は，GHSや国連危険物輸送勧告（UNRTDG）で規定された危険性の試験を行っても陰性である場合，危険性に由来するGHS区分や輸送上のクラスはつきません．しかし，安定化剤である水分などが蒸発などによって失われると，危険性が発現する可能性があるため，その旨を**第9項 ― 物理的及び化学的性質**，**第10項 ― 安全性及び反応性**に記載することが望まれます．また，その場合，危険性が発現しUNRTDGに該当する可能性があることを，注意喚起として**第14項 ― 輸送上の注意**に参考情報として記載することが望ましいでしょう．

Q 6

複合酸化物の SDS の作成は，どのように考えればよいでしょうか？

　複合酸化物は，原料となる金属酸化物や塩などを混ぜ合わせ，高温で焼成することで得られる単一な無機化合物です．2種類以上の酸化物が組み合わさり物理的，化学的に安定な物質で，構成金属酸化物の混合物としては存在していません．このため，物理的，化学的，毒性的にも構成金属酸化物や塩とは異なる性質をもつと考えられます．また，複合酸化物は，固溶体を形成しているため，構成成分の酸化物の性質，有害性は失われており，構成成分の酸化物の有害性で複合酸化物の有害性を判断すべきではないとの立場を複合酸化物顔料工業会[6] はとっています．

　これらのことを踏まえ，複合酸化物は，単一物質としての GHS 分類を行い，SDS を作成し，ラベル表示を行うことでよいと考えられます．ただし，参考情報として，構成酸化物の GHS 分類情報を**第 11 項 ― 有害性情報**，**第 12 項 ― 環境影響情報**に記載することが望まれます．また，安衛法および化管法などの法規制や許容濃度は，「金属及びその化合物」として指定されている場合は該当すると考えられますので，**第 8 項 ― ばく露及び保護措置**，**第 15 項 ― 適用法令**に記載することになります．

　なお，複合酸化物中の規制対象化合物の含有量算出の考え方は，化審法の運用[7]「固溶体又は複合酸化物は，それらを構成している酸化物等の混合物として扱うものとする」に準じて，複合酸化物は，安衛法の SDS 作成の際などにおいて，酸化物の混合物として含有量の計算を行うことでよいと考えられます（「金属及びその化合物」として法規制されている場合は，金属化合物の含有率ではなく，元素（金属）に換算した際の含有率です）．

Q 7

性状が類似している多数の化学品の SDS をまとめて作成してよいでしょうか？

　安衛法では，化学品に含まれる成分の含有量（wt%）の通知は，製品の特性上含有量に幅が生じるものは，濃度範囲による記載も可能です（特別規則（有機則，特化則など）以外の物質で営業上の秘密に該当する場合，その旨を

第 3 項 — 組成及び成分情報に記載し，10% の幅値での記載も可能（この場合は相手方の事業者から秘密保持契約等の締結を条件に，リスクアセスメント実施に必要な範囲内でより詳細な内容を通知する必要があります））．このような場合，その濃度範囲内の化学品をまとめた SDS の作成は可能です．また，まとめた SDS は，GHS 分類も含め同一の記載であることが必要と考えられます．

　一方，**化管法**では，指定化学物質の SDS への含有量の記載は，2 桁を有効数字として算出した wt% の数値で記載する必要があり，また毒劇法でも該当物質の含有量を正確に記載する必要があることから，原則として化学品ごとに SDS を作成することになると考えられます．化管法の場合，同一化学物質を含有する多数の化学品に対する SDS の提供方法として，同一化学物質を含有した SDS の記載内容がまったく同一の化学品であれば，化学物質の含有量とコード番号などを記載した一覧表を別途作成し，SDS に化学品の品名および含有量はコード番号で紐づけた一覧表によって確認する旨を記載するような方法で明示することも，提供先の了解が得られれば問題ないと考えられます．

　また，化管法の SDS では，化学品を提供するごとに SDS を提供しなければなりませんが，同一の事業者に継続的または反復して譲渡，提供する場合は，その都度 SDS を提供する必要はないとされています（ただし，化管法に基づくラベルによる表示については，その都度必要とされています）．また，安衛法では同一の事業者に継続的に SDS を提供する場合，一度 SDS を提供すればその都度提供する必要はありませんが，提供漏れのないようにする必要があります．

　なお，危険有害性に影響せず，法規制にも該当しない範囲で SDS をまとめる（例えば，色調の違いなど）ことは問題ないと考えられます（この場合，**第 9 項 — 物理的及び化学的性質**に記載する色は，若干違う場合があるなどと記述してもよいとされています）．

Q 8 ｜｜ 法規制の改正や有害性情報の更新が頻繁にありますが，SDS の修正に期限はあるでしょうか？

　安衛法では，SDS を譲渡，提供する者は，変更を行う必要が生じた場合は，文書の交付（通常 SDS による）その他厚労省令で定める方法により，速やか

に譲渡，提供した相手に通知するように努めなければならないとされていますが，安衛法の政省令の改正で，SDS の通知事項である「人体に及ぼす作用」（有害性の情報）については，定期的（5 年以内）に確認し，変更があるときは 1 年以内に更新し，更新した場合は，SDS 通知先に変更内容を通知することが 2023（令和 5）年 4 月 1 日から義務化されました．

　化管法では，化管法に基づく化学品の SDS を提供後，記載した情報の内容に変更が生じた場合は，速やかに，譲渡，提供した相手に対して，変更後の SDS を提供することが必要となります．

　毒劇法では，毒物劇物営業者は，提供した毒物または劇物の性状および取扱いに関する情報の内容に変更を行う必要が生じたときは，速やかに，当該譲受人に対し，変更後の当該毒物または劇物の性状および取扱いに関する情報を提供するよう努めなければならないとされています．

　第 1 章で解説したように化学品による事故を防止する観点から，SDS 三法に該当する物質の場合，SDS の内容に変更が生じた際は，「速やかに」修正することは大変重要です（SDS 三法に該当しない物質でも，危険有害性などの変更は速やかに修正することが望まれます）．ここで「速やかに」とされていることに，どのくらいの時間を想定するべきか？　という問題に悩まされる方も多いでしょう．例えば，何年も前の販売の際に提供した化学品の SDS で，その後取引がないような顧客に対しても，SDS を改訂して提供する必要があるかどうかという問題もあります．このようなケースでは，安全側の考えとして，現在も在庫している可能性がある場合は，SDS の改訂版を提供する方がよいと考えられます．特に，新たに強い有害性が判明した場合など，使用上の重要な情報の変更が伴うようなケースでは，改訂版を提供することが望ましいです．なお，軽微な変更は，製造物責任などを勘案し，改訂時期を事業者が判断することになります．なお，改訂時期は，米国の HCS（新情報入手後 3 カ月以内）および EU の CLP 規則（危険有害性に関する場合などは 12 カ月以内）の場合などを参考にすることもできます．

　また，SDS を改訂した場合，JIS Z 7253:2019 では，SDS の各ページに，化学品の名称とともに最新の改訂日およびページ番号を記載することとされており，SDS の 1 ページ目に整理番号および改訂日（版番号）が記載されている場合は，各ページに化学品の名称，最新の改訂日の代わりに整理番号を記載し

てもよいとされています．さらに，**第 16 項 ― その他の情報**に，SDS の改訂
理由などを記載しておくと，改訂履歴が明確になるため社内で作業を進めるう
えでよい方法といえるでしょう．「人体に及ぼす作用」の変更の有無を確認し
た場合，変更の必要がなかった際は，変更の必要がないことを確認した日とそ
の旨記載することもできます．

Q 9 ‖ 化学品を輸入した場合，輸入時に外国から添付されてきた外国語の SDS をそのまま添付してよいでしょうか？

　日本の法規制に対応した日本語の SDS を作成する必要があります．危険有
害性や取扱い上の注意などを国内の事業者，労働者が確認できるように，JIS
Z 7253:2019 において，SDS およびラベルは日本語で表記するとされています．
輸入品を日本国内で最初に譲渡，提供する者（商社なども）が，外国語を日本
語に翻訳し，日本の法規制に対応した JIS 準拠の SDS およびラベルを作成し
て提供する必要があります．

　化学品を輸入した場合，輸入時に外国から添付されてきた外国語の SDS に
は，不明成分が含まれており（**第 3 項 ― 組成及び成分情報**に記載されている
成分の合計が 100％ にならない場合など），輸入元からは秘密であるとして情
報の開示が得られない場合もあります．国内で，SDS 作成義務の法規制（SDS
三法）対象物質を規定量以上含む化学品は，SDS の提供義務があり，該当す
る場合はその成分および含有量の記載を原則として省略することはできませ
ん．この場合，例えば，輸入元からは秘密保持契約を結んで情報を入手し，販
売先にも秘密保持契約を結んで提供するなどの対応が考えられます．また，日
本の化審法の新規化学物質の事前審査，安衛法の新規化学物質届出に対応した
手続きに該当するかどうかの判断も必要です．どうしても，全成分の情報の開
示が得られない場合，少なくとも，外国の輸出企業側に，NITE 化学物質総合
情報提供システム（NITE-CHRIP）の英語版サイト[8]で，SDS 三法，化審法に
該当するかどうかを確認してもらうことが必要です．また，必要に応じて分析
し，成分を確認することも有効です．

Q 10　化学品を，商社を介さず海外に輸出する場合，取引上輸出者である自社へ外国語版の SDS を準備し提供するように要請を受けます．その際，海外特有の追記事項については，どのように記載すればよいでしょうか？

　SDS 三法は，日本国内に適用される法規制であり，日本から輸出する化学品については対象外です．しかし，輸出する化学品が相手国の SDS やラベルに関する規制の適用を受ける場合，当該国や地域の規制に基づき，SDS やラベルの提供を行う必要があります．例えば，EU の CLP 規則，米国の HCS のように，日本と同様に SDS の提供やラベルによる表示に関する規制を定めている国は多数あります．基本的にこれらの国へ輸出する際には，輸出先（相手国の輸入者）が自国の SDS やラベル表示に関する規制に対応する必要があります．対象物質，SDS の提供やラベルによる表示が必要な要件，記載方法などは国や地域によって異なりますので，輸出する日本側で具体的な運用（言語，許容濃度，法規制など）について確認する場合は，輸出先の事業者，各国の担当部局などに確認が必要となることもあります．なお，輸出の通関時に英文の SDS が必要となる場合は，和文の SDS から ISO 11014：2009（Safety data sheet for chemical products ─ Content and order of sections）準拠の英文 SDS を作成するケースもあります．この場合，ISO 版の英文 SDS を輸出先に渡し，相手国の法規制や現地語対応などは輸出先に依頼することになります．ただし，相手国によっては，現地語の SDS を通関時に要求する場合もあることから，詳しい手続きには，取引先または現地当局などに確認するようにしましょう．

　また，相手国の輸入者は，自国の化学物質の事前審査制度，例えば，EU の REACH 規則や米国の TSCA などに対応した手続きが必要かどうかの判断も必要であり，化学品に含有する成分の適切な情報伝達が望まれます．特に，製品含有化学物質として EU の SVHC や RoHS 指令などに該当する物質の含有などの情報は必要と考えられます．製品含有化学物質については，Q11 でも解説します．さらに，化学品を輸出する際には，「外国為替及び外国貿易法（外為法）」や「輸出貿易管理令」に該当するかどうかの判断が輸出者に求められます．

Q 11 || 取引先から製品含有化学物質の情報を求められますが，製品含有化学物質の情報伝達について注意する点はありますか？

　国内法規制に該当しなくても，取引先が製品含有化学物質の情報を要求するのは，海外へ製品を輸出する際に海外で規制を受けるためです．もし海外で，含有記載義務のある物質の記載がないにもかかわらず，含まれていることが発覚した場合，リコールや供給停止に陥り，経済的な損失は甚大です．したがって取引先は，製品含有化学物質の管理を適切に行っている供給者から購入し，リスクを下げようとします．適切な製品含有化学物質の管理は，信頼性の向上になり，コストに見合うビジネスチャンスとなることもあります．製品含有化学物質の情報は，日本国内においては，2006年に製品含有化学物質情報の適切な管理とサプライチェーンでの円滑な伝達のための仕組みを構築するため，業界を横断する活動推進団体としてアーティクルマネジメント推進協議会（JAMP）が設立され，化学品や成形品中の含有物質情報を伝達するためのツールとしてMSDSplusやAISが開発されました．これらのツールを統合させたIEC 62474準拠の情報伝達の仕組みとして経済産業省の主導で構築されたchemSHERPA[9]が2015年に公開され，2018年から完全に移行しました．chemSHERPAは，開示対象物質の含有情報のほか，法規制や規格に対する遵法判断情報も伝達対象となっています．

　海外から調達した化学品の製品含有化学物質の情報を，海外の供給者へ開示依頼することが難しい場合は，chemSHERPAの英語版，中国語版などの資料があり，調査を依頼することもできます（日本で禁止されている物質（化審法の第一種特定化学物質など）を含有している可能性にも注意を払います）．製品含有化学物質の管理には，供給者とのコミュニケーションを日ごろから密にしておくことも大切です（第5章参照）．

　なお，製品含有化学物質の情報伝達は，基本的にchemSHERPAで行いますが，通常のSDSの**第3項 ― 組成及び成分情報**などに適宜記載することも有効と考えられます．

Q 12 ‖ UVCB は混合物とみなすが化学物質として扱われる場合もあると考えられます．UVCB の化学品の SDS はどのように作成すればよいでしょうか？

　UVCB（substances of unknown or variable composition, complex reaction products or biological materials，組成が未知あるいは不定な構成要素をもつ物質，複雑な反応生成物，または生体物質）は，EU の REACH 規則で使われている考え方で，EU では 1 つの物質（substance）として考えます．化学組成，クロマトグラフなどの分析データ，物理化学的性状（融点，沸点など）から物質を特定するとされています．

　日本では，ガソリン，鉱油，灯油などは，安衛法の文書交付，表示対象物質に指定されているため，譲渡などの場合，SDS の提供やラベル表示義務があります．ガソリンの SDS 作成を考えた場合，化管法のベンゼン，トルエン，キシレン，エチルベンゼン，n-ヘキサン，トリメチルベンゼンなどを規定量以上含有していると考えられるため，化管法に該当する成分ごとの記載をした SDS の提供も必要です．しかし，ガソリンを構成する各成分の含有量は製造メーカーにより異なる場合もあり，直接製造メーカーなどに問い合わせて，成分と含有量を確定する必要があると思われます．この場合，EU の REACH 規則の考え方にならい，物理化学的性状（融点，沸点など）や化学組成（クロマトグラフなどの分析データ）を検討することで物質を特定できることもあります（必要に応じて測定や分析を実施する）．ガソリン，鉱油，灯油などは，NITE 化学物質総合情報提供システム（NITE-CHRIP）[10] で GHS 分類も公開されていますが，これらの GHS 分類を作成する SDS の情報として採用するか否かの判断は，CAS 番号の一致性なども含め検討が必要と考えられます．**第 8 項 ― ばく露防止及び保護措置**に記載する，許容濃度などについても，どの値を採用するかはリスクアセスメントに関係するため，適切に判断する必要があると考えられます．

Q 13 ‖ 努力義務となっている部分は，実施する必要があるでしょうか？

　SDS三法（安衛法，化管法，毒劇法）に該当する物質は，SDS の交付が義務づけられていますが，該当しない物質は，Q1で解説したように努力義務です．このように日本の法規制で「〜するよう努めなければならない」などとされている部分や，指針などで規定されている部分は，従わなかった場合でも違反にはなりません．しかし，労働契約上，従業員が安全，健康に働くことができるように配慮する義務が労働契約法にはあります．この義務を安全配慮義務といいます．また，民法には信義誠実の原則（信義則）という大原則があり，互いに相手の信頼や期待を裏切らないように誠実に行わなければならない，とされています．したがって，同じ組織であろうとなかろうと，努力義務の部分をないがしろにすることはできません．さらに，日本国憲法第25条には，「すべて国民は，健康で文化的な最低限度の生活を営む権利を有する．国は，すべての生活部面について，社会福祉，社会保障及び公衆衛生の向上及び増進に努めなければならない」とされており，行政は指針などで事業者の講ずべき措置について，具体的な施策を策定し，努力義務規定の実効性を確保しています．

　改正された安衛法の政省令では，リスクアセスメント対象物以外の物質も，労働者がばく露される程度を最小限度にするように努めなければなりません．このことから，安衛法でSDS交付義務対象とされていない化学物質についても，SDS の交付とリスクアセスメントの実施を進めていくことが重要です（改正された安衛法の政省令では，SDS交付の義務物質（リスクアセスメント対象物）に，GHS分類で危険有害性が確認されたすべての物質が順次追加されます）．さらに，努力義務の部分は経過措置とも考えられ，実施の裁量（段階的に実施するなど）が事業者に任されているという理解になると考えられます．この際に重要な点は，予見性を働かせ最善を尽くすことです．GHS分類が付く物質を含む化学品などは，SDS やラベルによる情報提供が努力義務の場合であっても，成分名や濃度を開示し，社会的要請に応えるために，SDS やラベルによる情報伝達を実施し，リスクアセスメントの実施につなげていくことが重要です．また，努力義務とされた規定は，将来義務化されることが予見されます．例えば，GHS分類で急性毒性の区分1〜3に分類される化学物質

は，将来毒劇法に指定される可能性があるので，現在毒劇法に該当しなくて
も，毒劇法に準じた取扱いを行うことも大切と考えられます．

Q 14 自社の化学品の粒子径が NITE の GHS 分類と異なる場合は，どのように考えればよいでしょうか？ また，ナノ粒子を含む化学品の SDS 作成で注意する点はありますか？

　粉末状の化学品では，粒子径（分布，形状なども含む）が異なると，危険有害性が異なる場合があります．JIS Z 7253:2019 では，**第 9 項 ― 物理的及び化学的性質**に粒子特性として，粒子のサイズ（中央値および範囲）と情報が得られれば粒径分布（範囲），形およびアスペクト比，比表面積を示すこととされました．危険性では，金属の粉末は細かくなると可燃性を示すこともあります．有害性でも，酸化チタンは NITE 化学物質総合情報提供システム（NITE-CHRIP)[10] の GHS 分類で酸化チタン（ナノ粒子以外）と酸化チタン（ナノ粒子）に分けて公表されているように異なることがあります．したがって，CAS 番号や物質名が同じでも，NITE の GHS 分類や日本産業衛生学会の許容濃度[11] などを採用するかどうか判断するためには，粒子径などの同一性を確認する必要があると考えられます．また，SDS の記載では，**第 11 項 ― 有害性情報**のほかに，**第 8 項 ― ばく露防止及び保護措置**などにも同様な注意が必要です．

　ナノ粒子を含む化学品の SDS 作成の際には，厚生労働省の指針「ナノマテリアルに対するばく露防止等のための予防的対応について」（平成 21 年 3 月 31 日基発第 0331013 号)[12] などを参考に**第 7 項 ― 取扱い及び保管上の注意**も含め，通常の大きさの物質とは異なる記載を行うことが重要と考えられます．

　なお，ナノマテリアルとは，元素などを原材料として製造された固体状の材料で，大きさを示す三次元のうち少なくとも 1 つの次元が約 1〜100 nm であるナノ物質およびナノ物質により構成されるナノ構造体と定義されています．

Q 15

EU の CLP 規則の調和分類と NITE の GHS 分類で相違点があり，輸出品の GHS 分類で情報の選択に迷います．どの情報を選ぶべきでしょうか？

GHS 分類を実施するための危険有害性情報の収集は，非常に多くの情報があり，どれを採用すればよいか判断が難しい場合があります．NITE 化学物質総合情報提供システム（NITE-CHRIP）[10] の GHS 分類も含め，どの情報に基づいて分類を実施するかは，事業者に任されています．例えば，エタノール，シリカ，鉱油などは，NITE の GHS 分類と EU の強制分類である CLP 規則（第 5 章参照）の調和分類[13] とは異なります．したがって，輸出国ごとにラベルや SDS が異なってしまうことも生じます．

日本の SDS 三法と EU の CLP 規則に対応した SDS とラベルを考えてみると，EU 域内では，CLP 規則で義務である調和分類に準拠した GHS 分類を記載した SDS とラベルを作成する必要があります．一方，日本では SDS とラベルを作成する際に NITE の GHS 分類に従う義務はなく，採用は任意です．日本と CLP 規則の SDS やラベルを統一する場合は，強制力のある EU の CLP 規則の GHS 分類に従った SDS とラベルを採用することになります．ただし，注意点として，GHS 分類の根拠となる危険有害性の情報が得られない場合があり（CLP 規則の調和分類は，区分情報のみで，危険有害性の根拠となる情報は示されていません），SDS の作成の際には，**第 11 項 — 有害性情報**，**第 12 項 — 環境影響情報**に記載する情報に苦慮するという問題があります．また，すでに判明している危険有害性と矛盾してしまう可能性があり（例えば，引火性などで消防法に該当する化学品など），その点には注意が必要です．

SDS とラベルを統一せずに，各国ごとに異なるものを用意することは，法規上の問題はないと考えられますが，異なるラベルが同一化学品に貼付されている場合は，通関時に好ましくない可能性があります．同一化学品に分類の異なる複数のラベルが貼付されていると，通関時に混乱を招き，その化学品にどのような危険有害性をもつ成分が含まれているかの正確な情報伝達が妨げられる可能性があります．なお，EU では，CLP 規則第 32 条第 6 項で，他の共同体の法規で要求されるラベル要素は，同規則第 25 条を参照して補足情報のセクションに記載することとされています（補足情報として記載する情報は，ラ

ベル要素を特定しにくくしたり，ラベルの情報と矛盾しないこと）．したがっ
て，EU においては，異なる GHS 分類の記載された複数のラベルを貼付する
ことは勧められません．

Q 16 ‖ SDS の通知手段として，SDS をホームページに掲載するだけで問題ないでしょうか？

　SDS の通知手段は，SDS 三法では紙の提供から事前に相手方の承諾を得な
くても，電子メールでの送信，ホームページのアドレスや二次元コードなどを
伝達し，その閲覧を求めることで可能になりました．

　SDS の記載内容に変更が生じたときは，ホームページに掲載して SDS 配付
する場合，更新時の通知は基本的には必要ありませんが，相手方が SDS の更
新箇所がわからない可能性もあるので，変更後の内容を速やかに譲渡提供した
相手方に通知することが望ましいです．また，譲渡提供を受けた事業者は，適
宜当該ホームページ等を閲覧し，更新の有無や改訂履歴について確認すること
や，更新の有無について不明点があれば，譲渡提供者に対して必要[14]に応じ
て確認することも必要と思います．二次元コードの場合は，労働者が取扱い時
に容易にその内容を確認できるような環境を構築することも必要と考えられま
す．

　ポイントは，譲渡提供を行う事業者のホームページで SDS を変更したこと
を更新履歴の記載などによりわかりやすく周知する（容易にたどり着けない
ホームページのアドレスの伝達は避け，電子メールの送信により通知する場合
は，送信先の電子メールのアドレスを事前に確認するなどの方法で確実に相手
方に通知できるよう配慮する）ことです．また，受領の確認は必要ありません
が，譲渡提供先に関する情報を保管している場合は，譲渡提供先に直接連絡す
ることも有効です．

Q 17 リスクアセスメントが義務づけられている化学物質（リスクアセスメント対象物）の製造，取扱い，譲渡または提供を行う事業場では，化学物質管理者を選任する必要がありますが，ラベル表示や SDS は，どのように実施すればよいでしょうか？

　化学物質管理者の選任は，リスクアセスメント対象物の製造，取扱い，譲渡または提供を行うすべての事業場で必要です．業種や事業場の規模などによる適用除外の条件はありませんが，一般消費者の生活用製品のみを扱う事業場は対象外です．本社や工場等の事業場ごとに選任しますが，個別の作業現場ごとの選任は必要ありません（複数名の選任により分担も可能です）．なお，当該事業場以外の他の事業場において行う場合は，他の事業場において選任した化学物質管理者が管理する必要があります．リスクアセスメント対象物を製造する事業場では，化学物質管理者は専門的講習を受講する必要がありますが，取扱い，譲渡または提供を行う事業場では，専門的講習に準ずる講習の受講が推奨されています．

　リスクアセスメント対象物を製造，取扱う事業場では，化学物質管理者の職務は，事業場における化学物質の管理に係る次の①〜⑥の技術的事項です．

① ラベル表示・SDS の確認および化学物質に係るリスクアセスメントの実施の管理
② リスクアセスメント結果に基づくばく露防止措置の選択，実施の管理
③ 化学物質の自律的な管理に係る各種記録の作成・保存
④ 化学物質の自律的な管理に係る労働者への周知，教育
⑤ ラベル表示・SDS の作成（リスクアセスメント対象物の製造事業場の場合）
⑥ リスクアセスメント対象物による労働災害が発生した場合の対応

　リスクアセスメント対象物を譲渡または提供する（製造または取り扱う以外の）事業場では，このうちラベル表示および SDS の交付，労働者への教育の管理について実施します．製造または取扱う事業場を含め，化学物質管理者だけでラベル表示や SDS の作成，教育などを実施することは求められていません．職務に抜け落ちが発生しないように，職務を分担する化学物質管理者や実

務を担う内部の担当者との間で十分な連携を図り，必要に応じて外部の機関に依頼して実施しますが，ラベル表示や SDS の記載内容の確認，製造または取扱う事業場でのリスクアセスメントの手法およびリスク低減対策の選択などは，依頼元事業者が管理する必要があります．

SDS 第 I 項 — 化学品及び会社情報

Q 18 ‖ **SDS に製造業者名を記入する必要はあるでしょうか？**

　商社など流通業者が化学品を川下側企業に販売する場合，SDS に記載すべき供給者名は，製造者と流通業者のいずれを記載するべきなのか？　と悩まれる方もおられるのではないでしょうか．さらに，流通業者だけを供給者名に記載すると，川下側企業から化学品に関する詳細な質問を受けた場合に，回答に苦慮する可能性もあるかもしれません．

　安衛法では法令上，「譲渡，提供する者」の名称，住所，電話番号を記載することとされており，流通業者の名称，住所などを記載する必要があります．

　化管法に基づく SDS の作成は，JIS Z 7253:2019 に適合する方法で行うことを努力義務としており，JIS Z 7253:2019 では，SDS に会社情報として，「供給者の会社名称，住所及び電話番号を記載する」とされています．

　毒劇法では，供給者を特定する情報として，情報を提供する毒物劇物営業者の氏名および住所（法人は，その名称および主な事務所の所在地）を満たすとともに，JIS Z 7253:2019 に従い，化学品の供給者名，住所および電話番号も記載することとされています．

　JIS Z 7253:2019 では，**第 I 項 — 化学品及び会社情報**は，微修正が行われ供給者の会社名称，住所および電話番号を記載するとともに，当該化学品の国内製造業者等の情報を，当該事業者の了解を得たうえで追記してもよいことになりました．また，ラベルについても当該化学品の国内製造業者などの情報を，当該事業者の了解を得たうえで追記してもよいこととなり，製造業者へ記載の了承を得やすくなったと思われます．

SDS 第 2 項 ― 危険有害性の要約

Q 19 ‖ GHS 分類を行うための危険有害性は，どんな情報を採用すればよいでしょうか？

　SDS 三法（安衛法，化管法，毒劇法）に該当する化学物質の GHS 分類は，譲渡・提供する事業者が実施し，SDS やラベルを作成しますが，それらを原料とする化学品の GHS 分類を行うための危険有害性の情報は，化学品を製造する事業者が収集する必要があります。言い換えれば，どの情報を採用するかは，事業者が自ら判断しなくてはなりません。いくつかの成分からなる化学品であれば，川上側企業から提供された原料の SDS をまず参照することになると思います。また，SDS 三法に規定されている化学物質を含め約 3300 物質は，政府が GHS 分類を行い，その結果を NITE 化学物質総合情報提供システム（NITE-CHRIP）[10] で公表しており（NITE の GHS 分類），参考にすることができます（GHS 混合物分類判定ラベル/SDS 作成支援システム（NITE-Gmiccs）(p. 42 参照) にも登録されています）。このほかに，自社で取得した試験結果や工業会などの公表情報などから，化学物質の同一性や情報の信頼性などを総合的に判断して，採用する情報を決定します。

　NITE の GHS 分類は，政府の分類ですが，採用義務はありません。事業者が SDS を作成し，ラベルによる表示を行う場合には，NITE の GHS 分類のほかに事業者が「信頼性が高い」と判断した評価書などの試験結果，自社で実施した試験結果などのいずれを用いても問題はありません。NITE の GHS 分類が公表されていない化学物質についても試験結果が得られれば，それらをもとに GHS 分類を行うこともできます。川上側企業から提供された原料の SDS の情報だけでなく，必要に応じて危険有害性を調査した情報を活用するなどして，的確な GHS 分類を SDS に記載することが望まれます。また，十分調査した結果，分類の判断を行うためのデータが得られなかった場合は，新たな毒性試験を行う必要はありませんが（引火性などの危険性は，化学品としての試験が，必要に応じて勧められます），JIS Z 7253:2019 では，有害性の情報が入手できない場合または化学品が分類判定基準に合致しない場合は，その旨（分類

できないまたは区分に該当しない）を記載することとなりました.

　情報調査の結果，得られた情報は，信頼性の判断をしなくてはなりません. 信頼性の判断について，JIS Z 7252:2019 では，証拠の総合的な重みづけによって化学品が分類できる場合もあるとされており，有効な *in vitro* 試験の結果，関連する動物データ，疫学的調査および臨床研究または記録の確かな症例報告，所見などのヒトでの経験，および毒性の決定に関するあらゆる利用可能な情報をすべて考慮することが望ましいとの記載があります. また，証拠の重み付けが必要な場合には，化学品の有害性データの解釈は，専門家が判断することが望ましいとの記述もありますから，毒性の専門家に相談が必要な場合もあると思われます. また，第 3 章で述べた事業者向け GHS 分類ガイダンスには，情報収集の方法，分類判定に利用可能な情報源，情報収集の手順などが記載されており，参考にすることができます（Q31 も参照）.

SDS 第 3 項 — 組成及び成分情報

Q 20 ‖ 化学品に含まれる成分名の記載に関するルールはありますか？　企業のノウハウに関する部分なので秘匿でもよいでしょうか？

　化学品に含まれる化学物質が SDS 三法（安衛法，化管法，毒劇法）に該当し，規定量以上含まれる場合，その成分名の記載は基本的に義務であり秘匿にはできません.

　安衛法の文書交付対象物質では，SDS の成分名の表記に関して法規制上の「成分」として含有化学物質の名称を列記することとされています. したがって，労働安全衛生法施行令で規定する物質名称（例えば，クロム及びその化合物など）でなく，当該単一物質の化学名（例えば，重クロム酸カリウムなど）と記載してもよい（成分名の記載は化学物質の名称，法規制の名称のいずれでも可能）と解釈されます（特別規則（有機則，特化則など）以外の物質で営業上の秘密に該当する場合は，その旨を SDS の**第 3 項 — 組成及び成分情報**に記載のうえ，成分の記載を省略し，秘密保持契約などを結び別途通知することも可能です）.

　化管法の指定化学物質の場合，SDS に記載する成分の名称は，指定化学物質の政令名称（例えば，硝酸亜鉛でなく亜鉛の水溶性化合物）で記載することとなっています（硝酸亜鉛を併記することは問題ありません）．なお，金属化合物が「水溶性」化合物に該当するかどうかの判断は，PRTR 排出量等算出マニュアル[15] で判断（10 g/L 以上）します．また，化管法の政令で別名が記載されている場合は別名を記載してもよいです（政令名称以外の名称を記載した場合は，正式名称（政令で記載している別名を含む）を**第 15 項 ― 適用法令**に記載します）．

　毒劇法は，毒物または劇物の名称を記載することとされています．

Q 21 ‖ SDS 三法（安衛法，化管法，毒劇法）の該当物質を含む化学品の含有量は，どのように記載すればよいでしょうか？

　安衛法の文書交付対象物質の含有量の記載は，原則として wt％で記載する必要がありますが，製品の特性上，含有量に幅が生じるものは，濃度範囲による記載も可能です．また，特別規則（有機則，特化則など）以外の物質で営業上の秘密に該当する場合は，その旨 SDS の**第 3 項 ― 組成及び成分情報**に記載のうえ，① 含有量の記載を省略し，秘密保持契約などを結び別途通知することが可能です．あるいは，② wt％の通知を 10 wt％未満の端数を切り捨てた数値と，当該端数を切り上げた数値との範囲（10 wt％の幅値）で行うことができます．この場合は，当該物を譲渡し，または提供する相手方の事業者から要求があれば成分の含有量に係る秘密が保全されることを条件に，当該相手方の事業場におけるリスクアセスメントの実施に必要な範囲内において，当該物の成分の含有量について，より詳細な内容を通知する必要があります．

　化管法の指定化学物質の SDS への記載で，含有量の記載は 2 桁を有効数字として算出した wt％の数値で記載すると規定されています（有効数字 3 桁以上で記載しても問題ありません）．これは，化管法が，排出量の把握をするための情報を伝達するうえで必要な措置と考えられます．注意点として，10 wt％未満であっても，有効数字は 2 桁で記載することが必要で，化管法の特定第一種指定化学物質については 1.0 wt％未満の場合も同様です．さらに，化管法の含有量の記載では，幅値での記載は認められていません．化管法の指定化学

物質の含有量に幅がある場合，平均値，中央値，代表値などにより，有効数字
2桁を算出し，算出根拠の説明を追加記載する必要があります．

　毒劇法に該当する物質の場合も，SDS にその含有量の記載を行うことが義
務です．厚生労働省は，製造過程などに由来する合理的な範囲で，品目登録時
に申請した含有量の幅の範囲内であれば，幅をもった表示は可能としています
が，危険有害性を譲受人に伝えるという観点から，極端に広い幅（10〜90%
など）での表示はせず，正確な表示をするとの指導を行っています．つまり，
急性毒性などの観点から毒劇法に指定されていることを踏まえ，解毒剤の量に
も関係する含有量の記述は，できるだけ正確な濃度の記載が望まれます．

　法規制上の規定には，それぞれの法規制の精神が背景にあると考えられ，法
規制に明確に記載されていない部分の判断は，法規制ごとの法の精神（制定の
経緯など）や安全側での判断も有効であると考えられます．

SDS 第 4 項 — 応急措置

Q 22 ┃ いくつかの化学物質の混合物である化学品の場合，応急措置はどのよ
うに記載すればよいでしょうか？

　ばく露を受けた者の被害を最小化するために現場で行える適切な処置を記載
します．医師による措置に先だって実施できるものを記載します（医師による
医療行為は，「医師に対する特別な注意事項」に記載します）．4つのばく露経
路（吸入した場合，皮膚に付着した場合，眼に入った場合，飲み込んだ場合）
ごとに記載することが必須です．固体の塊状の化学品でも，提供先で粉末にな
ることが予見されれば，吸入したり，眼に入ったりする可能性は否定できませ
ん．例えば，眼に入った場合を考え，「粉末が眼に入った場合は，水で洗うこ
と」などを記載することはできます．急性毒性，感作性，腐食性，刺激性で
GHS の有害性区分が付く場合は，**第 2 項 — 危険有害性の要約**に JIS Z 7253：
2019 で決められた GHS の注意書きが記載されますが，**第 4 項 — 応急措置**に
もそれに準じて関連する応急措置の方法を記載します．なお，急性毒性と腐食
性の両方に区分が付く化学品や炭化水素系溶剤では，吐き出させると危険性が

増すことに注意が必要です（吐き出させないで，ただちに医師の措置を受けること）．また，GHSの有害性区分が付かない化学品の場合も，各ばく露経路での処置方法を記載する必要があり，一般的文言の例は，「GHS対応ガイドライン ラベル及び表示・安全データシート作成指針」（表3.7，p.36）なども参考にできます．

SDS第5項 ― 火災時の措置

Q 23 ‖ 火災が発生した際の適切な消火剤，使ってはならない消火剤の判断は，どのようにすればよいでしょうか？

　火災が発生した際の適切な消火剤，使ってはならない消火剤の判断は，基本的に製品として消防法の危険物に該当するかどうかを試験で確定し，危険物に該当する場合は，危険物規制別表第五[16]（表4.1）を参考に記載することができます．本来なら試験を行い，その結果に対して記載することが望まれますが，試験が間に合わないなどの状況でも，適切な消火剤の記載を省略することはできません（使ってはならない消火剤は，情報がない場合，その旨を必ず記載します）．このような場合，各成分の情報をもとに考えることになると推察されます．各成分の情報は，原料のSDSから得ることができますので，その成分の含有量を考慮し，安全側の判断で記載することになると考えられます．各成分の消防法の情報があれば，表4.1に示す危険物に該当する消火剤と使ってはならない消火剤について，記載することが可能です．例えば，混合物である化学品中に消防法危険物第四類に属する引火性液体が含まれている場合，表4.1から水噴霧，泡消火剤，二酸化炭素，ハロゲン化物などは使えますが，棒状の水を放射することはできません．ただし，この化学品の成分に，消防法危険物第三類の禁水性物質が含まれていれば，消火に棒状の水だけでなく水噴霧も使えないことがわかり，水噴霧や棒状の水が使ってはならない消火剤になると考えられます．このように，成分の情報をもとに，より危険性の高い情報を優先して書くことは可能ですが，混合物に含まれる成分同士の作用で予見できない危険性が発現することも否定できません．引火点などの危険性は，可能な

表 4.1　危険物規制別表第五

消火設備の区分		建築物その他の工作物	電気設備	第一類の危険物 アルカリ金属の過酸化物又はこれを含有するもの	第一類の危険物 その他の第一類の危険物	第二類の危険物 鉄粉, 金属粉若しくはマグネシウム又はこれらのいずれかを含有するもの	第二類の危険物 引火性固体	第二類の危険物 その他の第二類の危険物	第三類の危険物 禁水性物品	第三類の危険物 その他の第三類の危険物	第四類の危険物	第五類の危険物	第六類の危険物
第一種	屋内消火栓設備又は屋外消火栓設備	○			○		○	○		○		○	○
第二種	スプリンクラー設備	○			○		○	○		○		○	○
第三種	水蒸気消火設備又は水噴霧消火設備	○	○		○		○	○		○	○	○	○
	泡消火設備	○			○		○	○		○	○	○	○
	不活性ガス消火設備		○				○				○		
	ハロゲン化物消火設備		○				○				○		
	粉末消火設備 りん酸塩類等を使用するもの	○	○		○		○	○			○		○
	粉末消火設備 炭酸水素塩類等を使用するもの		○	○		○	○		○		○		
	粉末消火設備 その他のもの			○		○			○				
第四種又は第五種	棒状の水を放射する消火器	○			○		○	○		○		○	○
	霧状の水を放射する消火器	○	○		○		○	○		○		○	○
	棒状の強化液を放射する消火器	○			○		○	○		○		○	○

(つづく)

表 4.1　危険物規制別表第五（つづき）

消火設備の区分		対象物の区分											
		建築物その他の工作物	電気設備	第一類の危険物 アルカリ金属の過酸化物又はこれを含有するもの	第一類の危険物 その他の第一類の危険物	第二類の危険物 鉄粉，金属粉若しくはマグネシウム又はこれらのいずれかを含有するもの	第二類の危険物 引火性固体	第二類の危険物 その他の第二類の危険物	第三類の危険物 禁水性物品	第三類の危険物 その他の第三類の危険物	第四類の危険物	第五類の危険物	第六類の危険物
第四種又は第五種	霧状の強化液を放射する消火器	○	○		○		○	○		○	○	○	○
	泡を放射する消火器	○			○		○	○		○	○	○	○
	二酸化炭素を放射する消火器		○				○				○		
	ハロゲン化物を放射する消火器		○				○				○		
	消火粉末を放射する消火器　りん酸塩類等を使用するもの	○	○		○		○	○		○	○		○
	消火粉末を放射する消火器　炭酸水素塩類等を使用するもの		○	○		○	○		○	○	○		
	消火粉末を放射する消火器　その他のもの			○		○			○				
第五種	水バケツ又は水槽	○			○		○	○		○		○	○
	乾燥砂			○	○	○	○	○	○	○	○	○	○
	膨張ひる石又は膨張真珠岩			○	○	○	○	○	○	○	○	○	○

一　○印は，対象物の区分の欄に掲げる建築物その他の工作物，電気設備及び第一類から第六類までの危険物に，当該各項に掲げる第一種から第五種までの消火設備がそれぞれ適応するものであることを示す．

二　消火器は，第四種の消火設備については大型のものをいい，第五種の消火設備については小型のものをいう．

三　りん酸塩類等とは，りん酸塩類，硫酸塩類その他防炎性を有する薬剤をいう．

四　炭酸水素塩類等とは，炭酸水素塩類及び炭酸水素塩類と尿素との反応生成物をいう．

限り化学品として試験を実施して判断することが推奨されます.

SDS 第 8 項 — ばく露防止及び保護措置

Q 24 | 記載する保護具の選択方法がわかりません. どのように調べればよいでしょうか?

JIS Z 7253:2019 では, **第 8 項 — ばく露防止及び保護措置**には適切な保護具を記載しなければなりません. 保護具は, 4 つのばく露 (呼吸用, 手, 眼および / または顔面, 皮膚および身体の保護具) ごとに記載しますが, 安衛法の政省令の改正に伴い**第 1 項 — 化学品及び会社情報**で記載した推奨用途で, 必要とされる保護具の種類を記載します (基安化発 0531 第 1 号)[17]. この通達では, 想定される用途において吸入または皮膚や眼との接触を保護具で防止することを想定した場合に必要とされる, 保護具の種類を記載することになりました. また, 安衛法の政省令の改正では, 皮膚・眼刺激性, 皮膚腐食性, 皮膚から吸収され健康障害を起こすおそれのあることが明らかな化学物質 ("皮膚等障害化学物質等": 国が公表する GHS 分類の結果および譲渡提供者より提供された SDS などに記載された有害性情報のうち「皮膚腐食性/刺激性」「眼に対する重篤な損傷性/眼刺激性」および「呼吸器感作性または皮膚感作性」のいずれかで区分 1 に分類されているもの, および別途示すもの) と当該物質を含有する製剤を製造, 取扱う業務に労働者を従事させる場合には, その物質の有害性に応じて, 労働者に "障害等防止用保護具" (保護眼鏡, 不浸透性の保護衣, 保護手袋, 履物など適切な保護具) を使用させる必要があるとされました (2024 年 4 月 1 日から義務). なお, この対象物質については, 通達 (基発 1109 第 1 号)[18] などで示されています.

保護具の種類や材質などを具体的に記載することが重要ですが, これは, 労働者がリスクアセスメント対象物にばく露される程度を作業環境の改善などにより最小限度にすることが安衛法の政省令の改正で義務化されたためです (濃度基準値設定物質は, 屋内作業場ではその値以下とする義務). 作業環境の改善は, 法規制に定められた措置がない場合には化学物質のリスクアセスメント

表 4.2　保護具関連の JIS 規格，厚生労働省の通達の例

保護具	JIS 規格	厚生労働省通達
呼吸用の保護具	T 8151（防じんマスク），T 8152（防毒マスク），T 8153（送気マスク），T 8155（空気呼吸器），T 8156（酸素発生形循環式呼吸器），T 8157（電動ファン付き呼吸用保護具）など	平 17.2.7 基発第 0207006 号（防じんマスク），平 17.2.7 基発第 0207007 号（防毒マスク），令 5.5.25 基発第 0525 第 3 号（防じんマスク，防護マスクおよび電動ファン付き呼吸用防護具）
手の保護具	T 8116（化学防護手袋）	平 29.1.12 基発 0112 第 6 号（化学防護手袋）
眼および / または顔面の保護具	T 8147（保護めがね）	平 15.8.11 基発第 0811001 号（眼・皮膚障害防止）
皮膚および身体の保護具	T 8005(防護服の一般要求事項)，T 8115（化学防護服），T 8117（化学防護長靴）	

　指針に基づいた優先順位にしたがってリスク低減措置を行い，保護具の使用は，最後の切り札になります．このため，保護具の適切な選択や正しい使用方法を知ることはきわめて重要であり，SDS がその基本的な情報の伝達を担っています．

　保護具には，有害物質の吸入による健康障害または急性中毒を防止するための防じんマスク，防毒マスク，送気マスク，空気呼吸器などの呼吸用保護具，皮膚接触による経皮吸収，皮膚障害を防ぐための不浸透性の労働衛生保護衣および保護手袋，眼障害を防ぐための保護めがねなどがあります．呼吸用保護具は，要求防護係数を上回る指定防護係数のものを選択し，防じんマスクおよび防毒マスク（ハロゲンガス用，有機ガス用，一酸化炭素用，アンモニア用，亜硫酸ガス用のもの）については，厚生労働大臣の行う型式検定に合格したものを使用する必要があります．産業標準化法に基づきそれぞれの保護具の構造と性能について日本産業規格（JIS）が定められています．このような判断をするために保護具に関連した JIS，厚生労働省の通達（例えば，基発 0112 第 6 号「化学防護手袋の選択，使用等について」が発出されており，不浸透性の定義や化学防護手袋の選択基準などが示されています）などを参考にすることが重要です（表 4.2）．

　また，当該化学物質を透過しない保護具の材質などの選定のためには，保護具メーカーの資料や化学防護手袋研究会の Web サイト[19]なども参考にするこ

とができます．また，"皮膚等障害化学物質等"の化学防護手袋については，厚労省の通達で示されます．さらに，具体的な SDS への記載例は，日本化学工業協会が Web サイト[20] で公開していますので，その記載例を参考にすることもできます．

なお，**第 1 項**の想定される用途（推奨用途）に記載された用途以外での使用は，制限されてはいませんが，想定される用途以外で使用する場合には，その使用に適した保護具の種類や使用上の注意に関する情報などが**第 8 項**や**第 7 項 — 取扱い及び保管上の注意**に記載されていない場合があります．そのようなときは，使用する側で適切な保護具などを判断する必要があります．また，譲渡提供者に対して確認することも有効です．

Q 25 ‖ SDS に記載する許容濃度はどのように判断すればよいでしょうか？

JIS Z 7253:2019 では，**第 8 項 — ばく露防止及び保護措置**には，ばく露限界値または生物学的指標などの許容濃度，さらに経皮吸収による全身毒性が付記されている場合は，その旨記載することとされています．

安衛法の政省令の改正では，労働者がリスクアセスメント対象物にばく露される程度を作業環境改善などにより最小限度にすることが義務化され，濃度基準値の設定された物質は，屋内作業場では濃度基準値以下とする必要があります．濃度基準値は，「貯蔵又は取扱い上の注意」として SDS の**第 8 項**に記載します．濃度基準値設定物質以外のリスクアセスメント対象物は，ばく露濃度の最小限度の基準はありませんが，各事業場でリスクアセスメントを実施した結果を踏まえて，可能な限りばく露濃度を最小限に抑える必要があります．

日本産業衛生学会の許容濃度，ACGIH（米国産業衛生専門家会議）の許容濃度（TLV-TWA など）が設定されている物質については，これらの値を参考にリスクアセスメントを実施し，ばく露濃度を最小限に抑える方法が有効と考えられます．TLV-TWA は，ACGIH の勧告する TLV（threshold limited value）の 1 つで，1 日 8 時間，1 週間 40 時間の時間荷重平均濃度でばく露される場合，ほとんどすべての作業者に有害な健康影響が現れないと考えられるばく露濃度と定義されています．

　日本産業衛生学会では，毎年，化学物質の許容濃度，生物学的許容値，発が
ん性分類などが，許容濃度等の勧告として改訂された値および新規に設定され
た値も含め公表＊します．日本産業衛生学会の許容濃度[11] は，化学物質の名称
および CAS 番号の一覧表として示されているので，化学品の成分ごとにこの
表で調査し該当すれば，許容濃度値を**第 8 項**に記載します．CAS 番号が一致
しなくても，「鉛および鉛化合物」などの群，「鉱油」など総称，「第 1，2，3
種粉じん」などとして指定されている場合もありますので，該否をよく確認す
ることが重要です（第 1 章で述べた，経皮吸収物質としてリストアップされた
物質は「皮」として記載されていますので，その旨 SDS にも記載することが
望ましいです）．

　日本産業衛生学会の許容濃度は，労働者が 1 日 8 時間，週間 40 時間程度，
肉体的に激しくない労働強度で有害物質にばく露される場合の平均ばく露濃度
がこの数値以下であれば，ほとんどすべての労働者に健康上の悪い影響がみら
れないと判断される濃度をいいます．そのため許容濃度は，作業環境測定値と
の比較で化学品のリスクアセスメントを行うための重要なパラメーターとなる
ことから，年に 1 回程度，最新の日本産業衛生学会の許容濃度を確認するよう
にしましょう（許容濃度は，確認した日付および出典を明示することが望まし
いとされているのはこのためです）．

　日本産業衛生学会の許容濃度が設定されていなくても，ACGIH により，定
められた許容濃度がある化学物質もあります．ACGIH の許容濃度（TLV-TWA
など）は，OSHA Occupational Chemical Database Advance Search[21] などで許容
濃度を検索・確認し SDS に記載します．

　粉じんのばく露が予見される化学品の許容濃度では，さらに注意すべき点が
あります．前述のように，化学品に含まれる化学物質の名称および CAS 番号
が一致しなくても，「第 1，2，3 種粉じん」として許容濃度が指定されている
場合，例えばアルミナの場合は，第 1 種粉じんとしての許容濃度（吸入性粉じ
ん $0.5\,\mathrm{mg/m^3}$，総粉じん $2\,\mathrm{mg/m^3}$）が記載されているので該当すると考えら
れます．しかし，仮に名称で一致しなくても，第 3 種粉じんには，その他の無
機および有機粉じんとしての許容濃度（吸入性粉じん $2\,\mathrm{mg/m^3}$，総粉じん

＊　産業衛生学雑誌にも掲載され，秋ごろに Web サイトでも公表されます．

8 mg/m³）が記載されているため，名称で該当しない粉じんの場合も安全側の判断から，粉じんばく露が懸念される化学品の場合，SDS への記載を検討する必要があります．この際に検討すべき点は，その粉じんの水溶解度です（溶解性の判断については，化管法の PRTR 排出量等算出マニュアル[15] などが参考になります）．水に不溶性，難溶性の微細な粉じんは，肺の奥深くの肺胞まで入り込み，沈着し，呼吸困難等の症状を伴うじん肺を引き起こす可能性があります．また，鼻，気道の粘膜から吸収されるため，有害性の高い粉じんの場合，粒子の大きさに関係なく有害性影響を引き起こすことがあります．許容濃度が設定されていない化学物質でも，粉じんの場合は，**第 9 項 — 物理的及び化学的性質**に記載された水溶解度や粒子の大きさから判断し，第 3 種粉じんとしての許容濃度の記載を検討することが重要であると考えられます（ACGIH の許容濃度にも，その他の不溶性粉じんの値の記載があります）．

さらに，分解性物質，例えばあるフッ化物を含む化学品の SDS を作成する場合，その化学品の用途に高温での使用が予見されるときなどは，フッ化物が分解してフッ化水素ガスが発生することが懸念されます．このような場合，許容濃度は，フッ化物としての値のほかに，フッ化水素の値も記載することが安全側の記載として適切な判断と考えられます．

また，安衛法の管理濃度[22] が設定されている化学物質は，管理濃度も記載します．管理濃度は，作業環境管理上，有害物質に関する作業環境の状態評価のために，作業環境測定基準に従って実施した作業環境測定の結果から作業環境管理の良否を判断する際の管理区分を決定するための指標です．労働者のばく露濃度と対比することを前提として設定されているばく露限界である許容濃度とは異なることに注意してください．なお，安衛法の管理濃度には，土石，岩石，鉱物，金属または炭素の粉じんとしての指定がありますので，これに該当する粉じんでは，この値も記載を検討します．

繰り返しになりますが，濃度基準値，許容濃度は，リスクアセスメントを行ううえで非常に重要な値なので，常に最新の情報を記載するように努めたいものです．

SDS 第 9 項 ― 物理的及び化学的性質

Q 26 引火性の溶剤を混合した洗浄剤の SDS を作成する場合，混合物の化学品としての引火点が不明です．「情報なし」と記載してよいでしょうか？

　JIS Z 7252:2019 では，健康に対する有害性および環境に対する有害性の分類は，国連 GHS 文書にも記載されている動物愛護の考え方から，新たな試験の実施を求めていませんので，入手可能な情報から分類します．したがって，情報の調査を十分に行った結果，情報がない場合は，「分類できない」との記載になります．また，混合物の化学品の場合は，個々の成分に関して入手できる情報に基づいて，混合物の GHS 分類基準に従い，各有害性の濃度限界などから分類することになります．

　一方，物理化学的危険性の分類では，混合物そのものの試験データが利用できる場合は混合物の分類はそのデータに基づいて行います．ただし，可燃性ガス，酸化性ガスについては，成分の情報から混合物としての判定を計算によって行うことが望ましいとされています．つまり，物理化学的危険性の分類においては，可燃性ガス，酸化性ガス以外の危険性クラスの区分に分類されることが予見される場合は，GHS で規定された試験を実施することが望まれます．例えば，互いに 50℃ 程度の引火点をもつ 2 成分からなる有機溶剤の化学品は，混合物としての引火点が，GHS の物理化学的危険性の危険性クラスで引火性液体の区分に分類される（引火点 93℃ 以下）ことが予見されます．このような場合，化学品を構成する成分の引火点から混合物である化学品の正確な引火点を計算で求めることは難しい（活量係数などから計算する方法もありますが，一般的ではありません）と考えられ，試験を行います．なお，JIS Z 7252:2019 では，引火点について入手可能な場合は混合物自体の値を示し，値がない場合には通常，主として混合物の引火点に寄与するものとして，最も低い引火点をもつ物質の引火点を示すとされました．ただし，混合物の引火点が未測定の場合は，消防法にも関係するため混合物としての引火点の測定が望まれます．

　また，燃焼持続性について，引火点が 35℃ を超え 60℃ を超えない液体は，

表 4.3 物理的および化学的性質の情報内容

性　質	備　考	必須または任意
物理状態	JIS Z 7252:2019 のガス，液体および固体の定義に従い標準状態下の状態を示す．なお，定義に従った判断が難しい場合は，融点，沸点や常温の外観などから判断する場合もあると考えられる．	必須
色	化学品の色を示す．いくつかの製品をまとめる場合，「若干違う場合がある」との記載もよいとされる．	必須
臭い	実際の臭いまたは文献の情報を記載する．臭いの閾値（定性的または定量的）の情報もあれば記載する．	必須※
融点 / 凝固点	標準圧力下の液体または固体（ガスは該当しない）の値．融点が測定方法の範囲を超える場合は，融点が観察できなかった上限温度を示す．分解や昇華が融解前または融解中に起きた場合はその旨記載する．ワックスやペーストは，軟化温度 / 範囲を示してもよい．混合物で融点 / 凝固点を測定することが技術的に困難な場合はその旨記載する．	必須※
沸点または初留点および沸点範囲	標準圧力下（高沸点または分解する場合は，減圧下の沸点も可）の値，沸点が測定方法の範囲を超える場合は，沸点が観察できなかった上限温度を示す．分解が沸騰前または沸騰中に起きた場合はその旨記載する．混合物で沸点または沸点範囲を測定することが技術的に困難な場合はその旨記載する．その場合，沸点が最も低い成分の沸点も示す．	必須※
可燃性	ガス，液体および固体の物質または混合物の発火性（可燃性に分類されない場合でも，着火するかまたは発火性か）の情報を示す．爆発性や非標準状態下での点火の可能性，各危険性の分類に基づくより具体的な情報を示してもよい．	必須※
爆発下限および爆発上限界 / 可燃限界	固体は該当しないが，引火性液体の場合は少なくとも爆発下限は記載．引火点がおおよそ＞−25℃ の場合の爆発上限および，引火点＞＋20℃ の場合の爆発下限は，標準温度での測定が困難であり，その場合，より高い温度での値を示すこと．	必須※
引火点	液体の引火点およびその試験方法に関する情報を示す（固体，ガス，エアゾールは該当しない）．混合物は，混合物としての値を示す．混合物の値がない場合，最も低い引火点をもつ成分の引火点を示す．	必須※
自然発火点	ガスおよび液体の自然発火点を示す（固体は該当しない）．混合物は，混合物としての値を示す．混合物の値がない場合，最も低い自然発火点をもつ成分の引火点を示す．	必須※
分解温度	自己反応性物質，有機過酸化物，分解性物質および混合物について，適用容量とともに SADT（自己加速分解温度）または分解開始温度を示す．SADT か自己分解開始温度かを示す．分解が観察されない場合は，自己分解が観察されなかった上限温度を示す．	必須※
pH	固体，液体の水性液体および溶液 pH を試験物質の濃度とともに示す．pH が ≦2 または ≧11.5 の場合は，皮膚および眼への有害性の評価を行う場合，留意する．	必須※

（つづく）

109

表 4.3　物理的および化学的性質の情報内容（つづき）

性　　質	備　　考	必須また は任意
動粘性率	液体のみ該当し，単位として mm²/s が望ましい．動粘度を示しても よい．動粘性率（mm²/s）= 粘度（mPa·s）/ 密度（g/cm³）．非ニュート ン液体は，チキソトロピーまたはレオペクシーであるかを示す．	必須※
溶解度	標準温度下の水への溶解度を示す．他の（非極性）溶媒への溶解度を 追加してもよい．混合物の場合は，全部または一部が水または他の溶 媒に溶解または混和するのか示す．	必須※
n-オクタノール / 水分配係数（log 値）	無機およびイオン性液体，混合物は該当しない．QSAR（定量的構造 活性相関）などの計算値は，その旨記述する．	必須※
蒸気圧	標準温度での値を優先し，追加的に 50 ℃における揮発性液体の値を 示す．組成の異なる液体混合物または液化ガス混合物を 1 つの SDS で対応する場合は，蒸気圧の範囲を示す．液体混合物または液化ガス 混合物については，蒸気圧の範囲または混合物の蒸気圧が主として最 も揮発性の大きな成分によって決まる場合は，少なくとも該当成分の 蒸気圧を示す．液体混合物または液化ガス混合物については，蒸気圧 は成分の活性係数を用いた計算値でもよい．飽和蒸気濃度（SVC）を 追加的に示してもよい．飽和蒸気濃度は次のように推算できる． $SVC（mL/m³）= VP × 987.2$ $SVC（mg/L）= VP × MW × 0.0412$ ここで，VP は蒸気圧（hPa = mbar），MW は分子量を示す．	必須※
密度および/ま たは相対密度	液体，固体が該当し，標準状態下の絶対密度および/または，参照と して 4℃の水を基準とした相対密度（比重）を示す．バッチ製造な どにより密度の変動が起きる場合や組成の異なる物質や混合物の場合 は範囲で示してもよい．絶対密度（単位を示す）および/または相対 密度（単位なし）の報告がある場合，必ず記載する．	必須※
相対ガス密度	ガス，液体が該当し，ガスは 20 ℃の空気（= MW/29）を基準とし た相対密度を示す．液体は 20 ℃の空気（= MW/29）を基準とした 相対蒸気密度を示す．液体は追加的に 20℃の蒸気 / 空気-混合物の 相対密度（空気 = 1）を示してもよい． $Dm = 1 + (34 × VP_{20} × 10^{-6} × (MW - 29))$ ここで，Dm は 20℃の蒸気/空気-混合物の相対密度， VP_{20} は 20℃の蒸気圧（mbar）， MW は分子量を示す．	必須※
粒子特性	固体のみ該当し，粒子サイズを示す（中央値および範囲）．入手可能 で適切な場合は，粒径分布（範囲），形およびアスペクト比，比表面 積を追加的に示してもよい．	必須※
その他のデータ （放射性，かさ密 度，燃焼持続性）	燃焼持続性は，輸送において引火性の除外を考慮する場合の持続的な 燃焼性についての情報が得られれば示すことが望ましい．	任意

※：情報がない場合，その旨を必ず記載する．

表 4.4　物理化学的危険性クラスに関連する情報内容

危険性クラス	備　考
爆発物	・危険物輸送に関する国連勧告の試験方法および判定基準マニュアルで測定される次の試験結果を示す．衝撃に対する感度（ギャップ試験），密閉状態での熱の影響（ケーネン試験，限界径を示すことが望ましい），打撃に対する感度（限界衝撃エネルギーを示すことが望ましい），摩擦に対する感度（限界負荷を示すことが望ましい），熱安定性． ・危険物輸送に関する国連勧告の試験方法および判定基準マニュアルでの否定的結果に基づき，爆発物から除外されている物質および混合物，さらに密閉状態で加熱された場合に爆発性を示す物質および混合物にも該当する． ・割り当てられた等級に基づいた，または除外されている物質または混合物に基づいた包装（タイプ，サイズ，物質または混合物の正味量）を示す．
可燃性ガス	単一の可燃性ガスの場合は，爆発/可燃限界に関するデータを示す．ISO 10156 に基づいて，TCi（窒素と混合した場合，空気中で燃えない可燃性ガスの最大濃度）を示す．可燃性ガスの混合物の場合は，爆発/可燃限界を示す（ISO 10156 に基づき計算され可燃性と分類された場合は，区分 1）．
エアゾール	1% を超える可燃性/引火性成分を含むか燃焼熱が 20 kJ/g 以上に該当し，所定の試験結果により区分 2 または区分 3 に分類される場合は，可燃性/引火性成分の合計（vol%）も併せて示す．
酸化性ガス	単一の酸化性ガスは，ISO 10156 に基づく Ci（酸素当量係数）を示す．酸化性の混合ガスは，ISO 10156 の試験に基づいて判断するか ISO 10156 に基づき計算された酸化力（OP）を示す．
高圧ガス	単一のガスは，臨界温度を示す．混合ガスは，成分の臨界温度の分子加重平均である擬臨界温度の計算値を示す．
引火性液体	沸点および引火点から判断する．国連危険物輸送勧告の試験方法および判定基準のマニュアルに基づいて，規制目的（航空法，船舶安全法）で除外を考慮する場合は，持続的な燃焼性についての情報を示す．
可燃性固体	国連危険物輸送勧告の試験方法および判定基準のマニュアルに基づいて，燃焼速度（金属粉は燃焼時間）を示す．湿潤部分を超えたかどうかを示す．
自己反応性化学品	SADT（自己加速分解温度）および分解エネルギー（値および測定方法），爆発特性（あり，部分的，なし），爆燃特性（あり，急速にあり，ゆっくりと，なし），密閉状態での熱の影響特性（激しく，中くらい，低い，なし）を示す（特性については，包装物での試験結果があれば，併せて示す）．また，該当する場合は，爆発力（低くない，低い，なし）を示す．
自然発火性液体	国連危険物輸送勧告の試験方法および判定基準のマニュアルに基づいて，自然発火性またはろ紙を黒く焦がすかどうかを示す（例えば，空気中で液体が自然発火する，空気中で液体を含漬させたろ紙を黒く焦がすなど）．
自然発火性固体	粉状物質を不燃材の上に落下させ，落下中または落下後 5 分以内に自然発火が起きるかどうか示す（例えば，固体は空気中で自然発火するなど）．時間の経過とともに自然発火性が変化するかどうか示す（例えば，ゆっくりと酸化によって保護面が形成されるなど）．

（つづく）

111

表 4.4 物理化学的危険性クラスに関連する情報内容（つづき）

危険性クラス	備 考
自己発熱性化学品	国連危険物輸送勧告の試験方法および判定基準のマニュアルに基づいて自然発火を起こし得るかどうかを示すが，スクリーニングデータおよび/または使用された方法を含め，得られた最大温度上昇を示す．JIS Z 7252（A.11, A.11.3）に従ったスクリーニング試験の結果が適切で入手可能な場合は示す．
水反応可燃性化学品	発生するガスが既知の場合は特定する．発生したガスが自然に発火するかどうかを示す．国連危険物輸送勧告の試験方法および判定基準のマニュアルに基づいて，ガスが自然発火するなど試験が完結しない場合を除いて，ガスの発生速度を示す．
酸化性液体	国連危険物輸送勧告の試験方法および判定基準のマニュアルに基づいて，セルロースと混ぜて自然発火が起きるかどうかを示す（例えば，セルロースとの混合物は，自然発火するなど）．
酸化性固体	国連危険物輸送勧告の試験方法および判定基準のマニュアルに基づいて，セルロースと混ぜて自然発火が起きるかどうかを示す（例えば，セルロースとの混合物は，自然発火するなど）．
有機過酸化物	SADT（自己加速分解温度）および分解エネルギー（値および測定方法），爆発特性（あり，部分的，なし），爆燃特性（あり，急速にあり，ゆっくりと，なし），密閉状態での熱の影響特性（激しく，中くらい，低い，なし）を示す（特性については，包装物での試験結果があれば，併せて示す）．また，該当する場合は，爆発力（低くない，低い，なし）を示す．
金属腐食性化学品	物質または混合物で腐食した金属種の情報が入手可能な場合は示す（例えば，アルミニウムに腐食性，鋼に腐食性など）．国連危険物輸送勧告の試験方法および判定基準のマニュアルに基づいて，鋼またはアルミニウムに対する腐食速度の情報が得られれば示す．SDS の**第 7 項 ― 取扱い及び保管上の注意**，**第 10 項 ― 安定性及び反応性**へも記載する．
鈍性化爆発物	鈍感化剤の種類，発熱分解エネルギー，補正燃焼速度 Ac を示す．

危険物輸送に関する勧告試験方法及び判定基準のマニュアル[23]の「試験 L. 2：持続燃焼試験」において，燃焼が持続しない結果が得られている場合などは，国連危険物輸送では，引火性液体とされないことがあるため，規制目的（航空法，船舶安全法）で除外を考慮する場合，持続的な燃焼性についての情報を示すこととされています．

Q 27 ‖ JIS Z 7253：2019 では「物理的及び化学的性質」の記載項目が変更されましたが，どのような内容でしょうか？

JIS Z 7253:2019 では，今まで詳細な解説がされていなかった「物理的及び

化学的性質」について，附属書 E が追加され，基本的な物理的および化学的性質に関して必要な情報の内容が記載されました．附属書 E で規定された項目を整理し，表 4.3 に示します．

　また JIS Z 7253:2019 では，今まで詳細な解説がされていなかった「物理化学的危険性クラス」についても，附属書 E が追加され，物理化学的危険性クラスに関連した SDS に必要な情報が記載されました．附属書 E で規定された項目を整理し，表 4.4 に示します．

SDS 第 10 項 ― 安定性及び反応性

Q 28 ‖ 化学品としての安定性及び反応性の情報がありません．成分の情報を記載してもよいでしょうか？

　JIS Z 7253:2019 では，当該化学品の反応性や化学的安定性および特定条件下で生じる危険有害反応可能性を記載するとされています．**第 9 項 ― 物理的及び化学的性質**では，例えば，引火点は，混合物自体の値がない場合，主として混合物の引火点に寄与するものとして，最も低い引火点をもつ物質の引火点を示すこともできるようになりました．しかし，**第 10 項 ― 安定性及び反応性**については，そのような記載はなく，混合物の場合はその混合物としての情報を記載することが必要になります．混合物として安定性や反応性の情報がない場合，各成分の情報をもとに考えることになると推察されます．各成分の情報は，原料の SDS から得ることができますので，その成分の含有量を考慮し，安全側の判断で記載することになると考えられます．各成分の情報を網羅することよりも，危険有害性の高い情報を優先して記載する方法が望ましいです．なお，混合物としての知見を取得して記載することが望まれますので，例えば，混合物である化学品でも，推奨保管条件が，品質管理の知見として得られている場合は，その条件が**第 7 項 ― 取扱い及び保管上の注意**に記載されていると考えられ，その情報から安定性や反応性，避けるべき条件などを記載することができます．

SDS 第 11 項 ── 有害性情報

Q 29 ‖ 混合物の化学品の発がん性，生殖毒性などを GHS 分類する際に，成分の合計値を用いて濃度限界から判断してもよいでしょうか？

　JIS Z 7252:2019 では，生殖細胞変異原性，発がん性，生殖毒性の分類手順について，混合物は，各有害性の濃度限界を用いて，個々の成分に関して入手できる情報に基づいて分類するとされています．濃度限界の使用では，2 つのパターンがあり，皮膚腐食性/刺激性などの分類では，混合物そのものの情報がない場合，各成分の情報を加成性の理論に基づいて分類します．この考えは，皮膚への腐食性や刺激性を示す各成分が，その程度や濃度に応じて，混合物としても皮膚への腐食性や刺激性に関与するとの考えによるものです．各成分の濃度の合計値が分類基準となる濃度限界を超えた場合，その混合物は腐食性あるいは刺激性として分類します（眼に対する重篤な損傷性/眼刺激性なども同様に成分の濃度を合計します）．一方，発がん性，生殖毒性などの分類においては，皮膚腐食性/刺激性などの場合と異なり，有害性の機序などから混合物の分類に加成性が成立しないとされていますので，成分の合計値で判断することはできません．なお，化学構造が類似の混合物（例えば，異性体混合物など）で，それぞれの成分が発がん性に分類されており，それぞれの成分は分類基準となる濃度限界未満であるが，成分の合計値が濃度限界を超える場合の判断は，専門家判断になると考えられます．

SDS 第 11 項 ── 有害性情報，第 12 項 ── 環境影響情報

Q 30 ‖ GHS 分類を行うための危険有害性の情報が得られませんでしたが，ただ単に「情報がなく分類できない」としてよいでしょうか？

　JIS Z 7253:2019 では，有害性の情報が入手できない場合または化学品が分類判定基準に合致しない場合は，「分類できないまたは区分に該当しない」と

第 11 項 ― 有害性情報，第 12 項 ― 環境影響情報に記載します．しかし，十分調査した結果であっても，「分類できない」との判断を行う前に，類縁化合物や推定値に注意する必要があります．

例えば，発がん性や感作性などは，国際機関などの定めた既存分類があり，類縁化合物（塩類など）は，該当する可能性があります．例えば，あるコバルト化合物について，名称や CAS 番号で有害性の調査をした結果，NITE 化学物質総合情報提供システム（NITE-CHRIP）[10] の GHS 分類も含め情報が得られなかった場合，「情報なし，分類できない」とするのは早計です．発がん性は，コバルトおよびコバルト化合物に対し，国際がん研究機関（IARC）[24] がグループ 2B（possibly carcinogenic to humans）に，ACGIH[21] が A3（confirmed animal carcinogen with unknown relevance to humans）に，日本産業衛生学会[11] が第 2 群 B（possibly carcinogenic to humans）に分類しています．この情報を JIS Z 7252:2019 の分類基準から判断して，発がん性区分 2 に分類できると考えられます．また感作性は，日本産業衛生学会の許容濃度勧告[11] で，コバルトおよびその化合物として，気道および皮膚感作性物質第 1 群に分類されていることから，この情報を JIS Z 7252:2019 の分類基準から判断して，呼吸器および皮膚感作性区分 1A に分類できると考えられます．ただし，これらの既存分類を採用する場合，最新の既存分類を確認し，確認した年号とともに記載することや，その既存分類の類縁物質に該当するかどうか同一性を確認することが重要です（水溶性，有機物質か無機物質など）．なお，感作性では，日本産業衛生学会は，感作性にかかわるすべての物質が同定されているわけではないとの注釈をつけています．

さらに，当該化学物質の有害性の情報が入手できない場合であっても，推定値が報告されている場合，JIS Z 7252:2019 では，例えば，水生環境有害性について急性水生毒性値（$L(E)C_{50}$）の実験データがない場合には，専門家判断を行ったうえで（定量的）構造活性相関（(Q)SAR）推定値を用いることも考慮するとされています（皮膚腐食性/刺激性，眼に対する重篤な損傷性/眼刺激性においても検証された (Q)SAR 法からの情報は利用できるとされています）．

このように，有害性情報では，類縁物質や推定値を用いて分類することが可能な部分もあると考えられますが，専門家の判断が必要な部分も少なくありま

せん．しかし，分類に利用できない場合でも，参考情報として**第 11 項**，**第 12 項**に記載することで注意喚起することは，情報伝達として必要に応じて望ましいと考えられます．

Q 31 ‖ GHS 分類を行うための危険有害性の情報調査を行いました．情報源が複数あるとき，どの情報を選択するべきでしょうか？

　情報源の信頼性に関する記述は，JIS Z 7252:2019 や JIS Z 7253:2019 にはありませんが，第 3 章で解説した「事業者向け GHS 分類ガイダンス」に記載があります．「事業者向け GHS 分類ガイダンス」では，情報源が信頼性に基づいてランクづけされています．有害性の情報源は 3 ランクに分類されており，優先度の高いランクの情報源を優先し判断することが可能です．また，発行年度の新しい情報を優先したり，インターネットで得られる情報は，適宜修正や改訂されるものがあることから，最新の情報を入手して分類に用いることが望ましいです．さらに，複数の情報源が同一の情報について言及している場合は，それらの情報源の記載を相互に確認し，補完することができます．

　また，情報自体の信頼性については，信頼性スコアである Klimisch コードが参考にできます．Klimisch コードが 3 以下であっても，「証拠の総合的な重み付け」（Q19 参照）で採用するのに十分と考えられる場合もあります．このような判断は，難しい場合もありますが，専門家による査読（peer review）がなされたとの記載がある情報は，採用することができます．

　なお，安衛法の政省令の改正では，「人体に及ぼす作用」（有害性の情報）を，定期的（5 年以内）に確認し，変更があるときは 1 年以内に更新し，更新した場合は，SDS 通知先に変更内容を適切な時期に通知することになりました（2023（令和 5）年 4 月 1 日施行）．変更の確認において，変更の必要がない場合は，確認結果を相手方に通知することなく，SDS をそのまま使用し続けても問題はないですが，SDS の改訂情報を管理するうえで，変更の必要がないことを確認した日を**第 16 項 ― その他の情報**などに記載しておくことが望ましいです．事業者が独自にもつ情報で分類した結果に基づいてそのように判断した場合も，根拠を記載しておくとよいです．変更があった場合，必要に応じて**第 2 項 ― 危険有害性の要約**や**第 8 項 ― ばく露防止及び保護措置**の更新も必

要となる場合がありますので注意しましょう.

SDS 第 14 項 ― 輸送上の注意

Q 32 ‖ GHS 分類と UNRTDG 分類との関係はどのように考えればよいでしょうか?

　JIS Z 7253:2019 では，**第 14 項 ― 輸送上の注意**には，輸送に関する国際規制の情報を含めることとされ，国連危険物輸送勧告（UNRTDG）に関連した国際規制（陸上，海上，航空）について記載します（UNRTDG と実際の海上輸送，航空輸送など一部異なる部分があります）．UNRTDG の分類［国連番号，品名（国連輸送名），国連分類（クラス，区分），容器等級など］に該当するかどうかの判断は，基本的にその化学品で実施した UNRTDG の試験結果で判断します．しかし，UNRTDG の分類と GHS の分類は関係性が存在し，GHS 分類から，安全側の考えで UNRTDG の分類を判断できる場合があります．

　UNRTDG のクラス 8 には，金属腐食性と皮膚腐食性の両方が含まれていますが，GHS の皮膚腐食性区分 1 の細区分 1A，1B，1C は UNRTDG のクラス 8 の容器等級 I，II，III と対応しています．GHS の急性毒性は，区分 1，2，3 と UNRTDG のクラス 6.1 の容器等級 I，II，III が対応していますが，判定基準は一部異なります．したがって，UNRTDG の毒物（クラス 6.1）および腐食性物質（クラス 8）を GHS 分類の判断に利用することは難しい場合があります．逆に，GHS 分類の決定で用いた急性毒性および皮膚腐食性の試験結果を UNRTDG のクラス 6.1 およびクラス 8 の定義に当てはめて，UNRTDG の容器等級を決めることはできると考えられます（表 4.5）．

　水生環境有害性の GHS の短期（急性）区分 1，長期（慢性）区分 1 および区分 2 に該当する場合は，UNRTDG のクラス 9 の有害性物質（容器等級 III）に相当しますが，クラス 9 にはその他の危険性物質および物品も含まれているため，UNRTDG のクラス 9 の有害性物質から，水生環境有害性の GHS 分類を決めることは難しいです．

表 4.5 GHS と UNRTDG の関係（代表的なものの例）

GHS 分類	GHS 区分		国連危険物輸送勧告（UNRTDG） クラス, 区分（ ）は容器等級	
引火性液体	区分 1 区分 2 区分 3		3（Ⅰ） 3（Ⅱ） 3（Ⅲ）	
	区分 4		非危険物で UN 番号はつかない	
急性毒性	区分 1 区分 2 区分 3		6.1（Ⅰ） 6.1（Ⅱ） 6.1（Ⅲ）	
	区分 4		非危険物で UN 番号はつかない	
皮膚腐食性	区分 1A 区分 1B 区分 1C		8（Ⅰ） 8（Ⅱ） 8（Ⅲ）[8（Ⅲ）は金属腐食性も含む]	
水生環境有害性	水生環境有害性 短期(急性)区分 1 水生環境有害性 長期(慢性)区分 1, 2		9（Ⅲ） [9（Ⅲ）はその他の危険性物質も含む]	
	水生環境有害性 短期(急性)区分 2, 3 水生環境有害性 長期(慢性)区分 3, 4		非危険物で UN 番号はつかない	

Q 33

輸送の国際規則を記載するため，化学品の国連番号を調べましたが，品名がありませんでした．「該当しない」でよいでしょうか？

　UNRTDG の国連番号は，国連の定めた危険物リスト（危険物輸送に関する勧告第 1 巻モデル規制，通称"オレンジブック"）の中で，輸送上の危険有害性について物質ごとに固有の番号をつけたものです．輸送される化学品がどのような危険有害性をもっているかを示す国連番号は，単一化学物質の場合は，その化学物質の名称が危険物リストに記載されているかを調査し，該否を判断することができます．しかし，多くの化学品は混合物であるため，危険物リストに該当する化学品名がなく，国連番号はつかないものと判断してしまいがちです．しかし，危険物リストに該当する化学品名がなく，化学品としての危険有害性（GHS 分類結果など）から危険物リストの包括品名，あるいは N.O.S.（not otherwise specified の略で，「他に品名が明示されているものを除く」の意味）

として記載された品名の中から，危険有害性が UNRTDG の基準に該当する場合，最適な国連番号を選定する必要があります．包括品名とは，複数の化学品を包括した名称です．例えば，UN 1133：接着剤（引火性液体を含有するもの），UN 3066：塗料または塗料関連物質などがあります．また N.O.S. としては，例えば，UN 1993：その他の引火性液体（他に品名が明示されていないもの）(Flammable Liquid, N.O.S.)，UN 3077：環境有害物質（固体）（他に品名が明示されていないもの）(Environmentally Hazardous Substance, Solid, N.O.S.)などがあります．

適切な国連番号を選定するためには，その化学品が危険有害物に該当するかどうかをまず判断しなくてはなりません．この判断の際に，Q32 でも解説しましたが，GHS 分類の結果から UNRTDG のどの危険有害性クラスに該当するかを検討し，物理化学的危険性や有害性の試験結果などから，国連番号だけでなく容器等級などを判断することが重要です．引火性液体を例に，国連番号の判断を解説すると，表4.5 に示したように GHS の引火性液体の区分と UNRTDG の引火性液体のクラス3 および容器等級には関係があります．例えば，ある引火性の液体で，引火点は30℃（密閉式測定値）である場合，この引火点だと GHS の引火性液体の区分3 であることから，UNRTDG の危険物リストからクラス3 で容器等級Ⅲの品名で最適なものを選定すればよいと考えられます．具

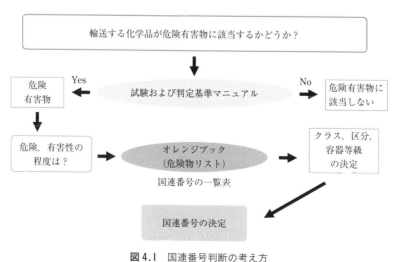

図4.1 国連番号判断の考え方

体的には，アルコールの水溶液でなら UN 1987：アルコール類（他に品名が明示されていないもの）(Alcohols, N.O.S.)，クラス 3，容器等級 III が最適であると思われます．また，有機溶剤の混合物なら UN 1993 その他の引火性液体（他に品名が明示されていないもの）(Flammable Liquid, N.O.S.) クラス 3，容器等級 III が最適と考えられます．なお，化学品をどの国連番号で輸送するかの最終的な判断は，（国連危険物輸送勧告で定められた試験を必要に応じて実施して）荷送人（荷主）が判断します．このような国連番号判断の考え方を図4.1 に示すので，参考としてください．

Q 34 ‖ 日本では陸上輸送の場合，「イエローカード」や「容器イエローカード」の作成は義務でしょうか？

　日本では，船舶や航空機による輸送は，UNRTDG に関連した船舶安全法，航空法などに従う必要があります．しかし陸上輸送には直接は UNRTDG が導入されていません．このため，個別に規定されている消防法，毒劇法，高圧ガス保安法，道路法などの法規制に従った容器や表示などが必要となります．さらに，消防法，毒劇法，高圧ガス保安法，火薬類取締法，道路法に該当する化学品は UNRTDG から国連番号に該当するかを判断し，該当する場合，その番号に対応した指針番号のイエローカードが携行の対象となります．ここで注意することは，毒劇法，高圧ガス保安法に該当する場合は，イエローカード携行が義務化されていますから，UNRTDG は間接的には，日本の陸上輸送にも導入されているということです．また，消防法では，イエローカードは行政指導で，輸送時に携行が推奨されています．イエローカードの作成などについては，日本化学工業協会の「物流安全管理指針」[25] にまとめられていますので参考にすることができます．

　一方，容器イエローカードは，少量の危険物や混載便輸送などへの対応としてイエローカードを補完する目的で考案されたものであり，法的には義務ではありません．容器イエローカードの作成などについては，日本規格協会発行の「緊急時応急措置指針」[26] にまとめられていますので参考にすることができます．イエローカードや容器イエローカードは，化学品の危険有害性（水生環境有害性で国連番号に該当する場合も含め）から UNRTDG の国連番号に対応す

る指針番号で輸送時の応急対応情報を伝達する手段ですから，義務の有無にかかわらず，実施することが望まれます．**第 14 項 ― 輸送上の注意**には，輸送に関連する国内規制がある場合，その情報を必ず記載することとされており，緊急時応急措置の指針番号に該当する際は，指針番号も記載することになると考えられます（ラベルにも記載が望ましいと考えられます）．

SDS 第 15 項 ― 適用法令

Q 35 JIS Z 7253：2019 では，日本国内の適用法規制として，どのような法規制を記載すればよいでしょうか？

　JIS Z 7253：2019 では，化学品に SDS の提供が求められる SDS 三法（安衛法，化管法，毒劇法）に該当する化学物質が含まれる場合は，化学品の名称，法規制の名称，規制に関する情報を記載することとされており，その他の適用される国内法規制の名称，法規制に基づく規制に関する情報も記載するとされています．化学物質に関係する法規制は多岐にわたりますので，すべての化学法規を網羅的に漏れなく調査し，記載することは難しいと推察されます．適用法規制を記載するうえでポイントとなる考え方は，SDS の提供時に事業者へ伝達する義務のある法規制，あるいは伝達することが望ましい法規制を中心に記載することです．このため，まず，SDS の提供を義務づけている SDS 三法の記載（安衛法については，どのような規制に該当しているか，製造許可物質，文書交付対象物質，表示対象物質，リスクアセスメント対象物，特定化学物質障害予防規則（特化則），有機溶剤中毒予防規則（有機則），がん原性物質，皮膚等障害化学物質等なども記載）が必要です．その他の法規制は，その化学品の用途なども勘案して判断しますが，化審法，消防法，労働基準法，船舶安全法，航空法などの該否を記載し，用途やばく露経路などを検討したうえで，必要に応じて大気汚染防止法，水質汚濁防止法，土壌汚染対策法などの環境法規，廃棄物処理法，海洋汚染防止法，有害物質を含有する家庭用品の規制に関する法律（家庭用品規制法），水道法，下水道法，食品衛生法，農薬取締法などを記載することが望まれます．また，輸出が想定される化学品では，特定有

害廃棄物の輸出入等の規制に関する法律（バーゼル法），外国為替及び外国貿易法（外為法）などの記載が必要と思われます．法規制の調査は，表3.7の資料のほかに，有料の化学物質法規制データベースなどの利用が考えられます．

SDS 第 16 項 ― その他の情報

Q 36 ‖ その他の情報は空欄でよいでしょうか？

　JIS Z 7253：2019 では，**第 16 項 ― その他の情報**には，安全上重要であるがこれまでの項目名に直接関連しない情報を記載する，とされています．さらに，空白でもよいとされており，何も記載しなくても問題はありません．しかし，この項目の記載は，事業者に任されている部分であり，有効に利用することが望まれます．

　第 3 章で解説したように，特定の訓練の必要性，災害事例，推奨される取扱い，特記事項，参照した情報源（出版年，参照年），化審法の用途証明，さらに修正履歴（改訂した年月日）などを記載し，内部的だけでなく外部的にも活用することは化学品の情報伝達上有益と考えられます．さらに，SDS を作成する際にもう 1 つ重要な事項があります．それは，最善を尽くして作成したSDS である旨を記載することです．危険有害性や取扱いに関してできるだけ的確な情報を収集し SDS を作成することが望まれますが，その情報の収集は，現時点での最善のものであるという制約があります．そこで，**第 16 項**に「本SDS に記載されている情報は SDS 作成時点で可能な限りの情報を収集して作成したものであるが，完全でない可能性があり，新たな情報を入手した場合には改訂する」などと記載することが重要なのです．

ラベル作成全般

Q 37

安衛法のラベル表示対象物を他の容器に分けて(小分けして)保管する場合,どのような表示をすればよいでしょうか?

　事業場において,ラベル表示対象物を他の容器に移し替えて保管する場合,ラベル表示をしないと内容物がわからず,そのまま使用して事故が起きた事例があります.安衛法の政省令の改正で,ラベル表示対象物について,譲渡・提供時以外でも事業場内で保管する場合は,ラベル表示・文書の交付(SDS)やその他の方法により,当該物の名称と人体に及ぼす作用(有害性の情報)を表示しなければならないことになりました.

　ここで,注意が必要な点として「その他の方法」があります.その他の方法とは,使用場所への掲示,必要事項を記載した一覧表の備えつけや,内容を常時確認できる機器(PCなど)の設置,作業手順書・作業指示書によって伝達する方法なども含まれます(基発 0531 第 9 号)[27].また,各容器にサンプル番号をつけて,番号と名称と人体に及ぼす作用を別途掲示するなどの方法も考えられます.なお,対象物の取扱い作業中に一時的に小分けした際の容器や,作業場所に運ぶために移し替えた容器で保管を伴わない場合は対象外で,自ら製造したラベル表示対象物を,容器に入れて保管する場合などが該当します.

　さらに,試験室などでは,小分けした容器が小さい場合が想定されます.このような場合も含め,ラベル表示しなければならない項目は,少なくとも当該物の名称と人体に及ぼす作用の表示が必要とされる点に注意が必要です(絵表示のみは認められていません).

Q 38

安衛法のラベル表示で注意する点はありますか?

　今後,ラベル表示対象物質が新たに追加される場合,「施行日において現に存するもの」については,ラベル表示の経過措置があります.例えば,2024(令和 6)年 4 月 1 日に施行されるものは,その時点で現存するものには,2025

（令和7）年3月31日までの間，ラベル表示義務の規定は適用されません．ここで，「施行日において現に存するもの」とは，施行日時点で，すでに対象物質を含む化学品が容器包装されて流通過程にある，または製造者の出荷段階にあるものを意味しています．その場合には，ラベル表示について一定の猶予期間が設けられています．ただし，施行日時点で容器包装されていない対象物質を含む化学品は「現に存するもの」には該当せず，経過措置による猶予は適用されないことに注意が必要です．また，SDSにはこの経過措置はありません．なお，このラベル表示の経過措置は，2025（令和7）年以降に追加指定される物質にも同様な1年間の期間が設けられる予定です．

　また，表示対象物の追加によって，ラベル表示が新たに必要となった化学品の場合，追加以前にラベル表示せず譲渡・提供し，追加後に譲渡・提供先が別の事業者に譲渡・提供する場合は，表示対象物を追加する改正時に定められた経過措置の期日前に譲渡・提供したものに関しては，譲渡・提供者にラベル表示の義務はありません．しかし，譲渡・提供先が経過措置で定めた期日以降，更に別の事業者に譲渡・提供する場合は，譲渡・提供先が化学品にラベル表示をする必要があります．

　次に，SDSについては，安衛法の政省令の改正でホームページアドレスの伝達や二次元コードなどの電子化された伝達方法が可能になりましたが，ラベルに関しては，ラベルそのものを見て危険有害性情報を伝達できることが重要であることから，容器への直接貼付が継続して必要な点に注意が必要です．

　固形物では，ラベル表示義務の対象とならない場合も注意が必要です．純物質では，金属が粉状以外（塊，板，棒，線など）の場合，ラベル表示義務の対象から除外されます．また，混合物については，運搬中または貯蔵中において固体以外の状態にならず，かつ粉状にならないもののうち，危険性または皮膚腐食性を有しない化学品は，ラベル表示が不要です（SDSの提供は必要です）．

　ラベル表示対象物をGHS分類した結果，危険有害性に分類されない場合でもラベル表示そのものを省略することはできません．ただし，ラベルに記載すべき事項のうち危険有害性情報，注意喚起語，絵表示については，該当しないため省略可能です．しかし，安衛法は「名称」「表示をする者の氏名，住所および電話番号」は，危険有害性にかかわらず記載が必要で，さらに「貯蔵または取扱い上の注意」については，災害防止のため必要な措置などを記載するこ

とが必要です（なお，成分名の記載は任意です）．

SDS は，**第 11 項 ― 有害性情報**の「人体に及ぼす作用」（有害性の情報）を 5 年以内ごとに確認し，変更が必要な場合は 1 年以内に SDS を更新しなければなりませんが，ラベル表示については更新の義務や期限の定めはありません（SDS との整合性を保つために速やかにラベルも更新することが望ましいと考えられます）．

**Q
39** ║ 容器が小さくてラベルを貼りきれない場合，どのように貼付すればよいですか？　また，多数の言語のラベルを 1 つのラベルにまとめることはできますか？

　小さい容器に収められた化学品の場合でも，その化学品を扱う事業者が容器を開封する際にラベルを確認できるように，容器に直接ラベルを貼付する必要があります．JIS Z 7253:2019 では，第 3 章で解説したように，新しく附属書 F で，小さい容器への表示例として，タグを結びつける例のほかに，折り畳み式ラベルも示され，折り畳み式ラベルを作成し容器に貼付することもできるようになりました（図 3.5，p.59）．なお，複数の容器を入れた外装箱などにラベルを貼って対応することは認められていません．また，UNRTDG の国連番号に該当する場合は，外装容器に UN マークや標札などを貼付することになっています（消防法等の表示も外装容器に必要です）．

　多数の国や地域向けに複数の言語のラベルを 1 つにまとめることは，言語の問題以外に，同一の化学品でも混合物の分類における濃度限界の違いによって GHS 分類結果や選択可能方式（p.16）に相違がみられるなどで，対象国で分類結果の違いが生じることが多いため，難しいと考えられます．仮に，分類結果が同じになったとしても，成分名を記載するかどうかなど，国や地域ごとにラベルの体裁の違いもあるため，1 つのラベルにまとめることは難しく，結果的に複数のラベルを並べて貼付することになると推察されます．このように複数のラベルを並べて貼付することを禁止する規定は，存在しないと思われますが，絵表示など分類結果が異なるラベルを並べて貼付することは，通関時などに 2 つの化学品が梱包されているとの誤解を生む懸念があります（Q10 も参照）．なお，EU 域内では，分類や記載は CLP 規則で統一されているため，言

語の相違だけになることから，CLP のガイダンス[28] に複数言語のラベル作成例，マルチランゲージラベルがありますので，問題はないと考えられます．

Q 40 ‖ 腐食性の GHS マークをつけている消費者製品がありますが，消費者製品に GHS 表示は義務になるでしょうか？

　SDS 三法に該当する成分を規定量以上含有する化学品における GHS に対応したラベル表示制度は，消費者製品は対象外とされています．しかし，業界の先駆的な取組みとして，日本塗料工業会，日本石鹸洗剤工業会，日本接着剤工業会などの工業会では，自主的に消費者製品への GHS 表示を実施しています．このように消費者製品への GHS 表示は，自主管理として広がっていくと考えられます．一方，EU の CLP 規則では，他の規則で規定されていない消費者製品は，GHS 分類の対象に含まれ，SDS の提供やラベル表示が義務化されています．例えば，日本から EU 域内へ消費者用のマーカー（EU では，マーカーは"容器入りの化学品"と解釈される）を輸出する場合，CLP 規則の危険有害性に該当する場合は，CLP 規則に従った分類，表示，包装が必要となると考えられます（EU 域内の事業者の義務となります）．これは，国連 GHS 文書で，GHS による情報伝達の対象者として，化学品を取り扱うすべての人々（労働者，救急対応者，輸送関係者，消費者）とされていることに由来します．

　GHS の導入については，日本では，労働環境での法規制を中心に進められていますが，将来は世界的に消費者製品まで GHS 対応が広がっていく可能性はあると思います．

第 4 章 参考資料

1) 化学物質の安全性に係る情報提供に関する指針（平成 5 年 3 月 26 日厚生省・通商産業省告示第 1 号），https://www.mhlw.go.jp/web/t_doc?dataId=54083100&dataType=0&pageNo=1
2) 化学物質等の危険性又は有害性等の表示又は通知等の促進に関する指針について（平成 24 年 3 月 29 日基発 0329 第 11 号），https://www.jaish.gr.jp/anzen/hor/hombun/hor1-53/hor1-53-17-1-0.htm
3) 労働安全衛生総合研究所化学物質情報管理研究センター，https://www.jniosh.johas.go.jp/groups/ghs/arikataken_report.html#m02
4) 製品評価技術基盤機構，GHS 表示のための消費者製品のリスク評価手法のガイダンス，https://www.nite.go.jp/chem/risk/ghs_consumer_product.html

5) 粉状物質の有害性情報の伝達による健康障害防止のための取組について（平成 29 年 10 月 24 日基安発 1024 第 1 号），https://www.jaish.gr.jp/anzen/hor/hombun/hor1-58/hor1-58-45-1-0.htm
6) 複合酸化物顔料工業会，http://kaseikyo.jp/jcicpa/newsletter/
7) 化学物質の審査及び製造等の規制に関する法律の運用について（平成 30 年 9 月 3 日薬生発 0903 第 1 号・20180829 製局第 2 号・環保企発第 1808319 号），https://www.meti.go.jp/policy/chemical_management/kasinhou/files/about/laws/laws_h30090351_1.pdf
8) 製品評価技術基盤機構，NITE 化学物質総合情報提供システム（NITE-CHRIP）英語版，https://www.nite.go.jp/en/chem/chrip/chrip_search/systemTop
9) アーティクルマネジメント推進協議会，chemSHERPA，https://chemsherpa.net/
10) 製品評価技術基盤機構，NITE 化学物質総合情報提供システム（NITE-CHRIP），https://www.nite.go.jp/chem/chrip/chrip_search/systemTop
11) 日本産業衛生学会，産業衛生学雑誌，**65**(5)，268（2023）．https://www.sanei.or.jp/files/topics/oels/oel_2023.pdf
12) ナノマテリアルに対するばく露防止等のための予防的対応について（平成 21 年 3 月 31 日基発第 0331013 号），https://www.jaish.gr.jp/anzen/hor/hombun/hor1-50/hor1-50-8-1-0.htm
13) European Chemicals Agency（ECHA），C&L Inventory，https://echa.europa.eu/information-on-chemicals/cl-inventory-database
14) 「労働安全衛生規則等の一部を改正する省令案に関する意見募集について」に対して寄せられた御意見等について，https://www.mhlw.go.jp/content/11303000/000944963.pdf
15) 経済産業省，PRTR 排出量等算出マニュアル，https://www.meti.go.jp/policy/chemical_management/law/prtr/pdf/haishutsu_sanshutsu_manual/3_2.pdf
16) 危険物の規制に関する政令（昭和 34 年政令第 306 号），別表第五，https://elaws.e-gov.go.jp/document?lawid=334CO0000000306
17) 基安化発 0531 第 1 号（令和 4 年 5 月 31 日），https://jsite.mhlw.go.jp/aichi-roudoukyoku/content/contents/001165627.pdf
18) 基発 1109 第 1 号（令和 5 年 11 月 9 日），https://www.mhlw.go.jp/content/11300000/001165500.pdf
19) 化学防護手袋研究会，https://chemicalglove.net/
20) 日本化学工業協会，令和 4 年 労働安全衛生法政省令改正に対応した SDS 記載例，https://www.nikkakyo.org/news/page/9617
21) 米国産業衛生専門家会議（ACGIH）許容濃度の検索，OSHA Occupational Chemical Database Advanced Search，https://www.osha.gov/chemicaldata/search
22) 安衛法の管理濃度，http://anzeninfo.mhlw.go.jp/yougo/yougo12_1.html
23) United Nations Economic Commission for Europe（UNECE），Manual of Tests and Criteria Rev.7 （2019）and Amend.1（2021），https://unece.org/transport/dangerous-goods/rev7-files
24) International Agency for Research on Cancer（IARC），IARC Monograph on the Evaluation of Carcinogenic Risks to Humans, Volume 52（1991），https://monographs.iarc.fr/wp-content/uploads/2018/06/mono52-16.pdf；IARC は 2023 年に，コバルト金属および可溶性コバルト(Ⅱ)塩をグループ 2A（probably carcinogenic to humans），酸化コバルト(Ⅱ)をグループ 2B（possibly carcinogenic to humans），酸化コバルト(Ⅱ，Ⅲ)，硫化コバルト(Ⅱ)，その他のコバルト(Ⅱ)化合物をグループ 3 （not classifiable as to its carcinogenicity to humans）に変更した．https://publications.iarc.fr/618
25) 日本化学工業協会 環境安全部，物流安全管理指針 平成 23 年度改訂版（2011）．
26) 田村昌三 監訳，日本化学工業協会 編，ERG2020 版 緊急時応急措置指針—容器イエローカードへの適用—，日本規格協会（2021）．
27) 基発 0531 第 9 号（令和 4 年 5 月 31 日），https://www.mhlw.go.jp/content/11303000/000945516.pdf
28) European Chemicals Agency（ECHA），Guidance on labelling and packaging in accordance with Regulation（EC）No 1272/2008 Version 4.2 March 2021　https://echa.europa.eu/documents/10162/2324906/clp_labelling_en.pdf/89628d94-573a-4024-86cc-0b4052a74d65?t=1614699079965

✛✛✛ **コ ラ ム** ✛✛✛✛✛✛✛✛✛✛✛✛✛✛✛✛✛✛✛✛✛✛✛✛✛✛✛✛✛✛✛✛✛✛✛✛✛✛✛

未来世代法とは？

　未来世代法という言葉を聞いて，はて？　そんな名前の法規制が日本にあったかな？　と思う人もいらっしゃるかもしれません．未来世代法とは，未来の世代のことを考慮して制定したかをチェックすることを求める法規制のことです．残念ながら，このような名前の法規制は，日本には存在しません．しかし，日本国憲法の3原則の1つである基本的人権の尊重を謳った憲法第11条には，「基本的人権は，侵すことのできない永久の権利として，現在及び将来の国民に与へられる」という一文があり，生存権（健康で文化的な最低限度の生活を営む権利）も含まれることから，未来の世代の生存を侵すことのないようにしなければなりません．特に，環境やエネルギー政策などに関して，私たちは「今さえ良ければそれでよい」と拙速に判断してしまいがちですが，「未来世代のために責任ある生き方でこれからの社会をつくって行くこと」は，英国や国連のSDGsでも「持続可能な社会」を構築するために議論されています．これは，社会的包摂にも繋がる考え方です．

　日本の化学物質管理は，このような地球規模の国際的な潮流を受け入れる必要性も考慮し，安衛法の政省令は，「個別規制型」から「自主対応型」（「自律的な管理」）へ改正されました．安衛法の政省令は，5年に一度はSDSの「人体に及ぼす作用」（有害性の情報）を見直すことを義務化するなど，未来の世代を考慮した法規制に生まれ変わりました．

　未来の人たちが現世を生きる私たちに何か要求してくることはありません．だからこそ私たちは想像力を働かせ，未来の人たちの声に耳を傾けることで自ら気づき，自律した行動を起こすことが必要です．言われたことだけをする自立とは違う現場目線で，総合的に自ら考え，バランスのとれた最善解を得ようと努力することが，絶対的な正解が得られがたい今，私たち1人ひとりに必要になってきているのです．

✛✛✛

これからの化学物質管理

SDS やラベル表示による情報伝達を核とした化学品の管理は，サプライチェーンの川上側企業（化学品の製造などの供給者側）では定着しつつありますが，事故の防止に有効と考えられる川下側企業（化学品の使用，消費，廃棄などの提供者側）を含むサプライチェーン全体での活用には，まだいくつかの課題が残されています．これからは，化学品のライフサイクル全体において，すべての事業者が，化学品の安全性や取扱いに関する情報を主体的に発信することが望まれます．そのために，行政や業界などが一丸となって取り組んでいく必要があります．

持続可能な開発目標 SDGs

2015 年 9 月，ニューヨーク国連本部で「持続可能な開発サミット」が開催され，「我々の世界を変革する：持続可能な開発のための 2030 アジェンダ」が採択されました．この 2030 アジェンダは，人間，地球および繁栄のための行動計画として，貧困，ジェンダー，地球温暖化対策，生態系の保護など 17 の目標と 169 のターゲットからなる「持続可能な開発目標（SDGs：sustainable development goals）」[1] です（図 5.1）．SDGs アジェンダの宣言の第 4 節には「この偉大な共同の旅に乗り出すにあたり，我々は誰も取り残されないことを誓う」との文言があり，目標の達成には国際社会において 1 人ひとりが主体的に取り組むことが求められます．化学物質の管理に関係のある目標には次の 3 つがあります．

- **目標 3「すべての人に健康と福祉を」**：2030 年までに，有害化学物質，大気，水質および土壌の汚染による死亡，疾病の件数を大幅に減少させる．

図 5.1　持続可能な開発目標（SDGs）
（出典：国際連合 https://www.un.org/sustainabledevelopment/）

- **目標 6「安全な水とトイレを世界中に」**：2030 年までに，汚染の減少，投棄の廃絶，有害な化学物質の放出の最小化等により水質を改善する．
- **目標 12「つくる責任つかう責任」**：2020 年までに，合意された国際的取組みに従い，製品ライフサイクルを通じ，環境上，適正な化学物質や，すべての廃棄物の管理を実現し，人の健康や環境への悪影響を最小化するために，化学物質や廃棄物の大気，水，土壌への放出を大幅に削減する．

　化学物質のリスク評価による管理手法は，第 2 章で解説したように 2002 年の持続可能な開発に関する世界首脳会議（WSSD）において，2020 年までに，「化学物質のリスク評価手順を用いて，化学物質が人と環境にもたらす悪影響を最小化する方法で使用，生産されることを達成する」との WSSD2020 年目標が設定されました．この目標が SDGs の目標 12 に継承されています．もちろん，そのためには GHS を各国の制度に導入し，SDS による危険有害性の情報伝達を普及させることが必要になります（一般にリスクの大きさは，有害性×ばく露量で表されます）．さらにその先の SDGs の 2030 年までの目標 3 および 6 において，有害な化学物質や廃棄物などによる環境問題も解決しなければなりません．これらの目標を達成するためにも，製品のライフサイクルを通して化学物質を適正に管理することが必要となり，SDS（廃棄物は必要に応じて WDS）による正確な化学物質の情報伝達が重要です．さらに，EU では，REACH 規則の高懸念物質（SVHC）や電気電子機器で特定の有害物質の含有を禁止する RoHS 指令などで製品に含まれる化学物質を後述する予防原則の考

え方で規制しています．これらの規制を遵守するために，原材料の供給者から最終受領者に至るまで，サプライチェーンの全体で，管理すべき化学物質の情報の伝達は，SDS（製品含有化学物質は必要に応じて後述の chemSHERPA など）が担っているのです．

化学物質管理の動向

2002 年の WSSD，さらに 2015 年の SDGs においても，2020 年までに「製品ライフサイクルを通して環境上，適正に化学物質やすべての廃棄物の管理を実現し，人の健康や環境への悪影響を最小化する」との目標のもと，GHS を 2008 年までに実施することが宣言されました．この流れを受けて，日本をはじめ EU，米国，中国，韓国，台湾などでは，化学品の危険有害性に対する GHS による情報伝達が開始されました．また，化学品の管理にはもう 1 つの流れがあります．それは，日本の化審法などで実施されている新規化学物質を中心とした化学物質の登録制度で，EU，米国，さらに近年，アジア地域においても，GHS 制度と並んで開始されています．海外へ化学品を流通させる場合は，輸出先の相手国の化学物質の登録制度や SDS に記載する情報の確認は，基本的には相手国の輸入者の義務となりますが，適切な情報の伝達（EU に対しては，REACH 規制の高懸念物質（SVHC）の含有情報など）に努めることは重要です．

EU の化学物質管理

EU における GHS 制度は 2015 年 6 月 1 日に CLP 規則（Regulation on Classification, Labelling and Packaging of substances and mixtures）が完全施行され，混合物についても CLP 規則に対応した SDS，ラベル対応が必須となりました．SDS の記載要件は，化学物質の登録，評価，認可および制限に関する規則である REACH 規則（Registration, Evaluation, Authorisation and Restriction of Chemicals）の付属書 II（Commission Regulation（EU）No 453/2020）で当初は規定されていましたが，Commission Regulation（EU）2020/878[2]が発効し，2021 年 1 月 1 日以降は，物質も混合物も SDS やラベル表示はこれに従って作成します（国際 GHS 文書改訂 7 版準拠）．さらに，CLP 規則を修正する

Commission Delegated Regulation（EU）2023/707 が 2023 年 4 月 20 日に発効しました．新しい危険有害性クラスとして人の健康または環境に対する内分泌かく乱作用（EDC），難分解性で生物蓄積性があり毒性（PBT），極めて高い難分解性で生物蓄積性（vPvB），難分解性で移動性があり毒性（PMT），極めて高い難分解性で移動性（vPvM）の物質が，2025 年 5 月 1 日から段階的に CLP 規則へ追加されます．なお，CLP 規則では，SDS やラベル表示は EU 域内の相手国の公用語で作成することが要求されています．

また，EU の REACH 規則では，CSR（化学品安全性報告書）の作成が必要な場合（年間の製造，輸入量が事業者あたり 10 t 以上），リスクを適切に管理することができる使用条件を「ばく露シナリオ」によって評価し，取扱い条件やリスク管理措置について拡張 SDS（extended SDS）を作成することも求めています．

米国の化学物質管理

米国では，労働安全衛生局（OSHA：Occupational Safety Health Administration）が 1983 年に HCS（Hazard Communication Standard：危険有害性周知基準）を公布し，化学品の取扱いにおける情報提供等の仕組みを作り，労働者の保護に取り組んでいますが，2012 年 5 月，この HCS に GHS が導入され（HCS 2012）[3]，SDS やラベル表示は 2015 年 6 月 1 日から HCS による分類結果の記載が必要となりました．SDS やラベル表示は，HCS で危険有害性として分類される化学品について義務づけられています．なお，国連 GHS 文書改訂 3 版に準拠した HCS 2012 は，国連 GHS 文書改訂 7 版に準拠した改訂が予定されています[4]．

米国では，米国環境保護庁（U.S. EPA：U.S. Environmental Protection Agency）による新規化学物質登録制度として，有害物質規制法（TSCA：Toxic Substances Control Act）があり，この TSCA や緊急計画・地域社会を知る権利/スーパーファンド修正および再授権法（EPCRA / SARA Title Ⅲ：Emergency Planning and Community Right-to-know Act / Superfund Amendments and Reauthorisation Act），米国運輸省（U.S. DOT：U.S. Department of Transportation）による危険物輸送法（HMTA：Hazardous Materials Transportation Act）でも SDS 作成が必要となる場合があります．

各国の GHS の実施状況

　国際連合加盟国 193 か国のうち法規制に GHS を導入した国は，2023 年現在 83 か国[5] となり，世界中で化学品の危険有害性に対する GHS による情報伝達の制度が確立されつつあり，多くの国々で GHS を適用した法規制が整備され始めています．法規制に GHS が導入された相手国へ輸出する場合，相手国の GHS の分類基準で危険有害性を判断し，SDS およびラベル表示に反映させる必要があります．この際，SDS およびラベル表示の言語（基本的に公用語で作成）だけでなく，その国の GHS が準拠している国連文書の版や選択導入されている部分（選択可能方式，p. 16），それぞれの国による独自の決まり（当局による GHS 分類の有無も含む）などに注意を払う必要があります．日本の事業者は，相手国の輸入者へこれらのことを踏まえた適切な情報の伝達が必要と考えられます．

　一方，化学物質の登録制度についても，各国で導入され始めていますが，まだ発展途上の国々もあります．化学物質の登録制度がある国々や地域へ輸出する場合，その国における新規化学物質を含有していないかリストなどで確認し，新規化学物質である場合は，事前に申請する必要が生じます（基本的には，相手国の輸入者の義務です）．なお，REACH や TSCA などいくつかの国々の化学物質の法規制は NITE 化学物質総合情報提供システム（NITE-CHRIP）[6] で検索することができます．

GHS の改訂と今後

　国連勧告として 2003 年に採択され初版が公表された GHS は，2 年ごとに改訂が実施されています．改訂作業は，「危険物輸送ならびに化学品の分類および表示に関する世界調和システムに関する専門家委員会」（専門家委員会）の下部組織である「化学品の分類および表示に関する世界調和システムに関する専門家小委員会」（専門家小委員会）で検討されます．事務局は，国連欧州経済委員会（UNECE）が行い，日本からも委員が参加し，技術的な進歩と実施による経験を踏まえた必要な見直しを行います．専門家小委員会の活動方針は，次の（a）〜（e）です．

a) GHS の管理機関として活動し，調和の手続に関する管理を行い，方向性を与える．

b) 変更を行う必要性を考慮し，GHS の継続性と実践での有用性を確保し，技術基準の更新に対する必要性およびその時期を決定し，担当する機関と協力しながら GHS システムを最新のものにする．

c) GHS の理解と利用を促進し，フィードバックを促す．

d) GHS を世界的に利用，適用できるようにする．

e) GHS の適用に関する指針および適用における一貫性を確保するための技術基準の解釈と利用に関する指針を策定する．

f) 作業計画を準備し，専門家委員会に勧告書を提出する．

このような方針のもと専門家小委員会は，GHS の改訂作業を進めています．これまでの GHS の改訂について，その主な改訂内容を表 5.1 に示します．最新の国連 GHS 文書改訂 10 版は，2023 年に公表[7] されましたが，各国および地域において新版への移行は少なくとも数年の時間を要し，GHS の改訂による相違の解消は難しい問題です．

　GHS は，化学品の危険有害性情報を世界共通の分類基準とラベル要素を用いて伝達するシステムです．しかし，国や地域によって採用している GHS の版や選択可能方式による相違，また混合物を分類する際の濃度限界の違いなどで，同一の化学品でも分類結果は，必ずしも統一されていません．専門家小委員会や OECD（経済協力開発機構）では，GHS の改訂だけでなく分類結果も含めた調和について議論されています．例えば，カナダと米国の規制当局は，カナダ-米国規制協力評議会（RCC）において，健康および環境有害性に関して利害関係者の規制の障壁による負担軽減を検討しています．RCC に基づいて，Health Canada と米国 OSHA は，GHS 分類およびその周知に関して，自国の規制を更新する際に，相互に可能な限り一致させ，可能な場合両国で 1 つのラベルと 1 つの SDS に整合させる方向で協議しています．このように，同一の化学品については，同一の分類と危険有害性情報によって情報伝達されることが今後期待されます．

表 5.1　国連 GHS 文書の改訂と主な改訂内容

版（年）	主な改訂内容
初版（2003）	—
改訂初版（2005）	吸引性呼吸器有害性，特定標的臓器毒性（単回ばく露）区分 3，環境有害性の独立
改訂 2 版（2007）	感作性の誘導および誘発追加，急性毒性（吸入：ガス）区分 4 上限値変更，選択可能方式と発がん性のガイダンス，危険有害性情報及び注意書きのコード化
改訂 3 版（2009）	小型容器の規定，感作性の細区分，特定標的臓器毒性（単回ばく露）ガイダンス値変更，水生環境有害性の慢性毒性基準，オゾン層への有害性
改訂 4 版（2011）	化学的に不安定なガス，非引火性エアゾール，生殖細胞変異原性・発がん性・生殖毒性の濃度限界（区分 1A，1B）
改訂 5 版（2013）	エアゾールの基準，酸化性固体の試験方法，皮膚腐食性/刺激性の基準，眼に対する重篤な損傷性/眼刺激性の基準，絵表示のコード，P コードの変更
改訂 6 版（2015）	鈍性化爆発物，自然発火性ガス，附属書改訂，SDS 9 項の項目，小型容器のラベル
改訂 7 版（2017）	誤えん有害性の濃度限界，可燃性ガスの区分，可燃性固体の試験方法，健康有害性クラスの定義の明確化，P コードの変更，小型容器の折りたたみ式ラベル
改訂 8 版（2019）	皮膚腐食性/刺激性の代替試験法，特定標的臓器毒性の基準，附属書 7 の「子供の手の届かないところに」注意絵表示およびセットやキットのラベル，附属書 11 の粉じん爆発危険性のガイダンス
改訂 9 版（2021）	爆発物をカテゴリー 1，2（カテゴリー 2 は，2A，2B，2C のサブカテゴリー）に変更，附属書 1 に UNRTDG のクラス，区分の追加
改訂 10 版（2023）	鈍性化爆発物の分類手順，皮膚腐食性/刺激性，眼に対する重篤な損傷性/眼刺激性，呼吸器または皮膚感作性の代替試験法，注意書きの合理化

法規制による管理から自主管理へ

　日本の化学物質管理は，製造，輸入段階で新規化学物質を審査し登録する化審法のように，法規制による管理が進められてきました（個別規制型）．一方，安衛法の政省令は SDGs の考え方を継承し，持続可能な社会を実現するために，事業者が主体となり段階的に拡大される安衛法の文書交付，表示対象物質（＝リスクアセスメント対象物）を SDS などによって危険有害性情報の伝達を行い，労働者がリスクアセスメント対象物にばく露される程度を最小限度にするように改正されました（自主対応型）．リスクアセスメント対象物のうち，厚生労働大臣が定める物質（濃度基準値設定物質）については，屋内作業場で労働者がばく露される程度を厚生労働大臣が定める濃度の基準（濃度基準値）

以下としなければなりません．国は，ばく露濃度などの管理基準を定め，危険有害性に関する情報の伝達の仕組みを整備・拡充し，事業者はその情報に基づいてリスクアセスメントを行い，ばく露防止のために講ずべき措置を自ら選択して実行する自主管理（自律的な管理）が必要になりました．リスクアセスメント対象物以外の物質についても，労働者がばく露される程度について，最小限度にするように努めなければなりません．

安衛法の文書交付，表示対象物質以外は，リスクアセスメントは努力義務の範囲ですが，これはすべての化学物質を法規制の網に掛けることが事実上不可能であることに由来するところが大きく，このため化学物質は，法規制による個別規制管理からリスクを自主的に評価する自主（対応型）管理（自律的な管理）へ移行する必要があるのです．もちろん，自主管理だけに頼ることは難しい面もあると考えられますので，法規制による管理も必要で，法規制と自主管理のバランスが重要となります．ただし，法規制による化学物質管理には問題点もあります．化学物質に関する法規制が，各省庁の管理に分かれており，縦割になっていることです．化学物質全体を包括的に管理する法規制がなく，弊害が生じやすくなります．化学物質管理の"基本法"的な法規制がないことによる弊害は，例えば，管轄の狭間で問題が生じた場合の規制がしづらいことなどがあります．化学物質による人の健康や生態環境への影響を最小化するために，管轄の枠を超えた体制で化学物質の基本法的な法規制を制定し，地方自治体や各種団体などとも情報を共有していくことが望ましい姿と考えます．

予防原則を考慮した化学物質管理

現行の法規制による管理でカバーされない部分などは，事業者だけでなく消費者を含め化学品の使用者が，それぞれの化学品の危険有害性について的確な情報を伝達される仕組みによって，自主的に管理していく必要があると考えられます．一方法規制による管理では，SDGs など持続可能な社会を実現するために今後重要となる考え方があります．この考え方のポイントの 1 つとなるのが予防原則です．予防原則は，何らかの危害の可能性が認められる場合に，その科学的な証拠に不確かさがある段階であっても，先を見越しリスクを評価して予防的な対策をとる方策で，EU などの化学物質管理の考え方の 1 つです．

　第2章で触れた，1992年のリオ宣言で初めて「予防的な取組み」が謳われ，2002年にWSSD2020年目標として「2020年までに予防的取組方法に留意しつつ，化学物質のリスク評価手順を用いて，化学物質が人と環境にもたらす悪影響を最小化する方法で使用，生産されることを達成する」との文言に「予防的取組方法に留意しつつ」と明記とされたことを受け，EUでは，2007年にREACH規則を策定しました．EUのREACH規則は，EU域内の事業者は，年間1t以上化学物質を製造，輸入する際に安全性情報の欧州化学品庁への届出が必要です．欧州化学品庁は，届出された有害性情報などから，発がん性，生殖能への影響，遺伝子への影響，環境への残留性，人の健康や環境に重篤な損傷を引き起こすと懸念される物質について高懸念物質（SVHC）を選定します．これは，EUがリスク管理を徹底させ，可能な限り代替を進めたいと考えている物質であり，「認可」プロセスの中で特定され，「認可の候補物質」として"Candidate List"[8]とよばれるリストに収載された時点で，次のような義務が生じます．

① 化学品中のSVHC情報の伝達義務
　　・SVHCのSDSを提供
　　・SVHCを含む化学品について，受領者からの要求に基づきSDSを提供
② 成形品中のSVHC情報の伝達義務
　　・0.1wt%を超える濃度のSVHCを含む成形品の供給者は，少なくとも物質の名称を含む安全使用のための情報を川下側企業に提供
　　・消費者から問合せがあった場合，上記と同様の情報を45日以内に提供
③ 成形品中のSVHCの届出義務
　　・0.1wt%を超える濃度，かつ1t/年以上のSVHCを含む成形品の製造者または輸入者は，SVHCが公表されてから6カ月以内に欧州化学品庁に届出

　さらに，SVHCから認可対象物質[9]が選定され，認可対象物質を上市，使用を続ける場合には，欧州化学品庁の認可が必要で，代替計画等を含む「認可申請」が必要となり，認可のハードルは非常に高く，代替が前提となります（EU域外から輸入される成形品中に使用されている認可対象物質については対象外であり，対応は不要とされています）．また，このプロセスとは別に，製造，

上市が特定の条件で禁止される，制限物質[10] もあります．このほか，EU では，電気電子機器で特定の有害物質の含有を禁止する RoHS 指令，玩具指令などでも予防原則の考え方を適用しています．これらの EU の予防原則には，工業用途以外の消費者製品も含まれていることが特徴です．

日本の環境基本法には，「科学的知見の充実の下に環境の保全上の支障が未然に防がれることを旨として，行われなければならない」との規定があります．また，2018 年 4 月に閣議決定された第 5 次環境基本計画[11] においては，環境政策の指針となる考え方の 1 つとして，環境リスクを評価し，予防的取組を推進することが含まれています．このため化審法では，既存化学物質の中から有害性情報，製造，輸入量などの観点から選定された優先評価化学物質のリスク評価[12] を進める際に，情報が限られているなど，科学的な証拠が必ずしも十分でない場合であっても，予防原則の考え方に則り安全側の仮定を行い（例えば，有害性情報ではワーストケースのデータを採用するなど），リスク評価を進めることとされました．その結果，2020 年までに信頼性のある有害性データが得られる物質についてスクリーニング評価を一通り終え，人の健康または生活環境動植物への長期毒性を有し，かつ相当広範囲な地域でリスクが懸念される状況であると判明した物質を第二種特定化学物質に指定し，評価を行うためのデータが得られない物質については，評価を終える目途を立てました．このように，日本でも工業用の化学品に含まれる化学物質の環境経由のばく露でも，化審法による予防原則の考え方で管理がされるようになりました．

産業界においても，近年予防原則的な考え方が重視されるようになりつつあります．例えば，日本化学工業協会が進めているレスポンシブル・ケア活動[13] は，開発から製造，物流，使用，消費，さらに廃棄やリサイクルに至るまで，化学品の全過程において，自主的に環境・安全・健康を確保し，その活動の成果を公表し社会との対話，コミュニケーションを行う活動です．このなかには各企業が，何らかの重大なリスクがあると判断した化学品について，自主的に製造の中止，回収を行うことも含まれます．ただし，どのようなプロセスに従い予防原則を適用し，リスク削減策を行うかは，各企業に任されています．

予防原則の考え方は，過度の規制となるおそれがあり，新たな研究開発への足かせや貿易上の摩擦になることもあるため，適用に関しては十分な検討が必要と考えられます．実際に予防原則を適用する場合は，適用が決定された場合

に予想される代替物質のリスクの大きさや，リスクの蓋然性，費用対効果など
を検討（リスク管理）することが重要です．予防原則の適用のあり方や枠組み
についての検討も進め，トータルでリスクの削減に努めていくことが必要で
しょう．

企業の法令遵守と社会的責任

コンプライアンスとは，直訳すると「法令遵守」です．企業活動をめぐる事
件，事故など，いわゆる企業不祥事が発生するたびに，それを防止するための
議論の中で使われます．一方，コンプライアンスという言葉と密接に関連する
のが企業の社会的責任である CSR（corporate social responsibility）という言
葉です．さまざまな企業の不祥事が頻発し，社会的責任（CSR）に関する議論
が活発化し，しばしば企業の環境側面に係る問題と対比して取り上げられるよ
うになりました．企業の経済的側面（株主への利益還元・配当，収益率向上な
どの財務的な側面）に加え，社会的側面の法令遵守，不正防止，従業員の労働
条件・人権配慮，安全・衛生，企業市民としての地域貢献活動，環境対策など
の ESG（環境，社会，ガバナンス）が重要視されるようになり，前述のレス
ポンシブル・ケア活動や SDGs に応えるなど，企業活動が社会や環境に及ぼす
影響に対して担う責任も，企業の CSR に含まれると考えられます．直接的な
法規制による管理を超え，自主的な取組みによる化学物質管理を推進すること
が CSR を果たすうえで重要です．法規制は，何らかの社会的要請を背景とし
て制定されているものであり，法規制を遵守することだけが目的でなく，法規
制を遵守することによって，その背後にある「社会的要請に応えること」がコ
ンプライアンスの目的と考えられます．

国際規格 ISO 26000:2010 社会的責任に関する手引には，次のような社会的
責任（CSR）の 7 原則が示されています．

① 説明責任：組織の活動が外部に与える影響を説明する
② 透明性：組織の意思決定や活動の透明性を保つ
③ 倫理的行動：公正・公平・誠実など，倫理を尊重し行動する
④ 利害関係者の利益尊重：利害関係者の利益を尊重し配慮する

⑤　法治主義の尊重：各国の法令を尊重し遵守する

⑥　国際行動規範の尊重：国際的に通用している規範を尊重する

⑦　人権の尊重：重要で普遍的である人権を尊重する

　製品のライフサイクルを通じて化学物質を適正に管理するために，サプライチェーン全体において企業が製品とともに管理すべき化学物質の情報を SDS などによって提供することは，①組織の活動が外部に与える影響を説明することに相当し，その際には，②透明性を保ち，③倫理的に行動することや，④顧客などのステークホルダー（利害関係者）の利益にも配慮することが重要です．もちろん⑤，⑥，⑦の法規制や規範の順守，人権の尊重はその前提になると考えられます．

　化学物質管理において，企業が CSR を果たすことにより，ESG 投資などで社会からの信頼を得るという経営上大きな成果も期待できます．さらに，企業の評価・ブランド・知名度の向上などさまざまな効果もあると考えられます．SDS 三法の1つである化管法は，化学物質排出量の行政への報告や SDS の提供を義務付けており，これが化学物質管理の自主的な管理の増進につながります．化管法は，企業の情報開示やリスクコミュニケーションを促進し，また，産業界で推進しているレスポンシブル・ケア活動でもコミュニケーションを推進しています．企業の CSR として環境レポート（CSR 報告書）などによる情報の公開を行うことで，化学物質排出量の集計結果や環境保全への取組み状況などの情報も開示されます．このようなリスクコミュニケーションはリスク管理の一環としても重要なものとなります．

リスクアセスメントと PDCA サイクルによるリスク管理の改善

　安衛法の文書交付，表示対象物質（リスクアセスメント対象物）について，2016 年 6 月 1 日からリスクアセスメントの実施が義務化されました．安衛法で SDS 交付義務のある化学品を取り扱う事業者は，作業現場で，受領した SDS の情報などを利用してリスクアセスメントを実施します．化学品のリスクアセスメントの方法については，何種類かの方法（コントロール・バンディング（CB）や CREATE-SIMPLE など）がありますが，どの方法で実施するか

は事業者に任されています．安衛法に基づく化学品のリスクアセスメントに利用できるツールとして，厚生労働省の職場のあんぜんサイト[14) には，これらのツールの紹介がありますが，事業者の判断で適切な手法を選ばなければなりません（それぞれ長所短所があるためです）．一般的にリスクアセスメントは，まず，簡易的な手法でスクリーニングを行い，必要に応じて精緻化を行うという流れで実施します．リスクアセスメントに利用できる手法やツールは，入手可能な情報（危険有害性，ばく露などの情報）に応じて異なるため，化学品に含まれる化学物質について，どのような情報が入手できるかが，アセスメント方法やツールの選択のポイントとなります．

　自主管理として安衛法以外の化管法や毒劇法などの SDS 作成義務のある化学物質についても，提供された SDS の情報に基づいて，リスク評価（アセスメント）の実施を進めることが望ましいと考えられます．企業において CSR として行われているレスポンシブル・ケア活動は，経営トップの宣誓と目標の設定に基づいて行う自主管理活動ですが，PDCA サイクルに沿って実施されます．PDCA サイクルは，計画の作成（Plan），活動の実施（Do），自己評価（Check），見直しと改善(Act) を継続して行うことで，常にレベルアップを図ります．SDS やラベルを作成し，情報伝達を行い，リスク評価（アセスメント）を実施し，リスクの管理を PDCA サイクルで行うことは大変重要です．

① 危険有害性（ハザード）の正しい把握と SDS，ラベルの作成
② ハザードを作業者に SDS，ラベルで伝達し情報を共有化する
③ リスク評価（アセスメント）を実施する
④ リスクの管理手法を検討し決定する（Plan）
⑤ 決定した手法を実行する（Do）
⑥ 有効性を評価する（Check）
⑦ 評価の結果を必要に応じて改善する（Act）

　このように，リスク評価（アセスメント）結果に関するリスク管理を④〜⑦で示した PDCA サイクルに沿って行うことで，化学品のリスクを減らしていくことができます．ISO 14001:2015 環境マネジメントシステム―要求事項及び利用の手引でも，PDCA サイクルで化学物質管理を行うことは，重要なポイントとなります（図 5.2）．SDS による化学品の情報伝達は，法規制では，修

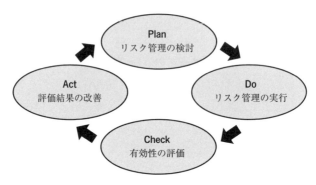

図5.2　PDCA サイクルによる化学物質管理

正は速やかにとされています（安衛法の政省令の改正で「人体に及ぼす作用」（有害性の情報）については，5 年以内に確認し，変更があるときは 1 年以内に更新し，SDS 通知先に変更内容を通知する義務があります）が，常に「最善」を尽くし，修正や改訂を迅速に行うことが，的確なリスク評価（アセスメント）とそれに続くリスク管理を実施するうえで重要と考えられます.

製品含有化学物質の情報伝達

　2002 年に設定された WSSD2020 年目標「リスクベースでの化学物質管理」，さらにその先の SDGs の達成へ向け，産業界ではサプライチェーン全体をとおして，化学品の適正な（必要に応じて予防原則も考慮した）自主管理が求められます．その中で，リスクを判断するための安全性情報などの伝達に関しては，GHS に対応した SDS やラベル表示の的確な実施が重要と考えられます．一方，CBI（営業秘密情報）の点で難しくしているのが製品含有化学物質の情報伝達の問題です.

　化学品の輸出時に輸出先で，規制されている化学物質（例えば，EU における高懸念物質（SVHC）など）をその化学品が含有しているかどうか，含有している場合は，その化学物質や含有量などの情報を正確に把握してサプライチェーンの川下側企業に伝達することは重要です．このため，製品の設計や開発，材料や部品などの購買，製造，引渡しの各段階において含有化学物質の管理が適正に行われる必要があります．その基本となる全組織に共通の原則や指

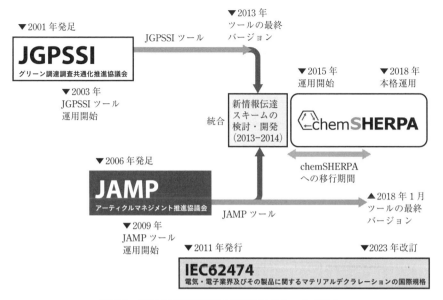

図5.3 製品含有化学物質の情報伝達スキームの統合

（経済産業省，化学物質管理政策をめぐる最近の動向と今後の方向性について（総論），2019 年 1 月
https://www.meti.go.jp/shingikai/sankoshin/seizo_sangyo/kagaku_busshitsu/pdf/006_04_00.pdf よ
り引用改変）

表5.2 chemSHERPA の管理対象物質

管理対象 基準 ID	対象とする法規制および業界基準
LR01	化審法（第一種特定化学物質）
LR02	米国 有害物質規制法（Toxic Substances Control Act：TSCA）使用禁止または制限の対象物質（第 6 条）
LR03	EU ELV 指令 2011/37/EU
LR04	EU RoHS 指令 2011/65/EU ANNEX II
LR05	EU POPs 規則（EC）No 850/2004 ANNEX I
LR06	EU REACH 規則（EC）No 1907/2006 Candidate List of SVHC for Authorisation（認可対象候補物質）および ANNEX XIV（認可対象物質）
LR07	EU REACH 規則（EC）No 1907/2006 ANNEX XVII（制限対象物質）
LR08	EU 医療機器規則 Annex I 10.4 化学物質
LR09	中国 電器電子製品有害物質使用制限管理弁法
IC01	Global Automotive Declarable Substance List（GADSL）
IC02	IEC 62474 DB Declarable substance groups and declarable substances

針について，JIS Z 7201:2012（製品含有化学物質管理 — 原則及び指針）が制定されました．さらにサプライチェーンにおける製品含有化学物質管理の状況の変化に合わせ 2017 年に改正が行われました（JIS Z 7201:2017）．

日本国内においては，2006 年に製品含有化学物質情報の適切な管理とサプライチェーンでの円滑な伝達のための仕組みを構築するため，業界を横断する活動推進団体としてアーティクルマネジメント推進協議会（JAMP）が設立され，化学品および成形品中の含有物質情報を伝達するためのツールとして MSDSplus や AIS（Article Information Sheet）が開発されました．これらのツールを統合させた含有物質情報伝達に関する国際規格 IEC 62474 準拠の情報伝達の仕組みとして，経済産業省の主導で構築された chemSHERPA[15] が 2015 年に公開され，2018 年からこれに完全に移行しました（図 5.3）．chemSHERPA では管理対象物質の含有情報（表 5.2）のほか，法規制や規格に対する遵法判断情報も伝達対象となっています．含有化学物質管理のために各段階において実施すべき項目をより具体的に示した「製品含有化学物質管理ガイドライン」[16] も JAMP から発行されています．

サプライチェーンの川上側企業（供給者）から製品含有化学物質などの情報を取得する際に参考となるのが，責任ある企業行動のための OECD デューディリジェンスガイダンス[17] です．このガイダンスでは，企業が現実および潜在的な悪影響に取り組む方法を特定し，防止，緩和および説明を可能にするプロセスのことをデューディリジェンスと定義しています．十分な情報が入手できない場合などは，このデューディリジェンスの考え方を参考に情報収集の手順などを明確化し，記録を残し必要に応じて説明できるようにしておくことが肝要です．この際のポイントとして，① 製品含有化学物質の管理基準を策定し適用しているか，② 購買時に製品含有化学物質の管理基準を伝えているか，③ 供給者とコミュニケーションは十分とれているか，④ 供給者の選定の際に製品含有化学物質の管理基準を確認しているか，などの点に注意します．また，想定外に化学物質の混入が発生する場合もあるので，注意が必要です．例えば，スペックが変更されたときなどは，供給者からの変更情報の事前入手の徹底などが有効です．さらに，別の化学物質が誤使用されたときや事故などで予期せぬ汚染が発生したときは，製品の分析，洗浄の徹底などを適切に行うことが重要です．

日本では，chemSHERPA によって製品含有化学物質の情報伝達を実施しますが，通常の SDS でも EU の高懸念物質（SVHC）などに該当する化学物質の含有の有無を必要に応じて記載し伝達することはできると考えられます．

情報の非対称性と営業秘密情報の開示

化学品を取り扱う企業が，その化学品の危険有害性などの情報を適切にSDS やラベルで伝達することはリスク管理上，社会的責任（CSR）を果たすために大切なことです．この点において重要なのが情報の非対称性の問題です．

情報の非対称性とは，化学品に関する情報について，供給者と受領者の間に情報の格差が生じることです．例えば，SDS では開示義務のある化学物質の情報しか記載されていない場合が多く，開示義務のない化学物質の情報は営業秘密情報（CBI）の観点から記載されない場合が見受けられます．しかし，リスク管理の観点から，適切に製品含有化学物質の情報を開示している供給者から化学品を購入する割合が高まると考えられ，情報開示に消極的な供給者は，市場から減少していくことが予想されます．

金融商品市場で，刻々と変化する企業の情報の適時開示制度が投資者にとって重要なものとなっているように，化学物質管理においても SDS によって最新の情報を迅速，正確かつ公平に提供する重要性がより一層高まっていくと考えられます．

できるだけ情報の非対称性をなくし，化学品の情報を開示することが肝要ですが，自社の CBI に配慮することも必要と思われます．輸入時の域外における代理人制度，CBI 保護を認める制度の構築，緊急を要する場合の情報の開示などについて国際的な整合性を図る必要があると推察されます．

この問題を解決するため，EU では CLP 規則を改訂し，Commission Regulation（EU）2017/542[18) が 2020 年 1 月 20 日に発効しました．用途により段階的に導入され，2024 年 1 月 1 日から全用途で実施され，危険有害性のある混合物である化学品の EU 域内の製造，輸入者が，その混合物の組成情報についてポイズンセンターへ届出を行う必要が生じます．この決まりに従えば，例えば，EU 域外の製造者が危険有害性のある混合物を EU へ輸出する際には，CBI を理由に組成情報を開示していない場合，EU 域内の輸入者は，化学品の

組成情報をポイズンセンターへ届け出る義務を果たせないため，製造者は輸入者から情報開示の要請を受けることが想定されます．このような場合，EU 域外の製造者は EU 域内の代理人を通じて混合物の組成情報の届出をすることが可能で，当該化学品に付与される固有の識別子である UFI（Unique Formula Identifier）を輸入者に通知すればよいとされています．このシステムによる流れを示します．

① 供給者による所管官庁（ポイズンセンター）への全組成情報の届出（EU 域外の製造者は EU 域内の代理人を介して実施）
② ポイズンセンターによる供給者・組成情報に対する固有の識別子（UFI）の割当て
③ SDS，ラベルなどへの UFI の記載
④ 緊急事態発生時は UFI に紐付いた組成情報の開示を所管官庁が判断

このように，化学品の組成情報をポイズンセンターへ届け出ることによって CBI を確保しつつ，危険有害性情報の伝達を行うことが可能となり，EU は国連の GHS 文書に示された CBI の一般原則に従った，SDS による情報伝達システムを CLP 規則に導入することができると推察されます．日本においても同様の仕組みが整備されることが望ましいと考えられます．

消費者製品の情報伝達

工業会による自主管理の取組みとして，2011 年 1 月から日本石鹸洗剤工業会[19] では石けんや洗剤など家庭用消費者製品に含まれる化学物質の危険有害性を GHS に基づく絵表示で表示しています．以前は製品ラベル表示で「眼に入ると危険」「混ぜるな危険」などの注意を示していましたが，GHS に対応した具体的な危険性を絵表示としても示すようになりました．国連 GHS 文書には，GHS 制度を消費者製品まで導入することが記載されています．また，EU では消費者製品まで EU の GHS である CLP 規則が適用されることがありますから，日本でも SDS 三法に該当する工業用途の化学品だけを規制するのではなく，消費者製品にも段階的に GHS 分類を適用することが望まれます．

一方，GPS（Global Product Strategy：グローバルプロダクト戦略）は，国

際化学工業協会協議会（ICCA）で決定された国際的な化学品管理の考え方で，化学物質による悪影響を最小化するために，ICCA が推進する産業界の自主的な取組みです．JIPS（Japan Initiative of Product Stewardship）は，GPS の日本版として日本化学工業協会が前述のレスポンシブル・ケア活動として推進しており，安全性要約書（GPS/JIPS 安全性要約書）[20] は，自社で製造販売する化学品について，GPS/JIPS の検討結果（GHS に基づく有害性情報，ばく露，リスク管理措置など）をわかりやすくまとめたものです．SDS はサプライチェーンの川下側企業への情報提供を目的としているのに対して，安全性要約書は，作業者だけでなく消費者など一般社会を含むすべてのステークホルダー（利害関係者）への情報提供を想定しています．想定される用途や使用条件でのリスク管理措置を含む安全性要約書は，一般市民にも理解しやすい表現で作成されており，消費者製品の GHS による情報伝達へ適用されることも期待されます．

安全性要約書は，おおむね表 5.3 に示す項目からなり，JIS Z 7253：2019 による SDS の該当項目と比較すると，ばく露やリスク管理措置の項目があることが特徴です．

安全性要約書の項目は，企業の自主的な判断によるため，表 5.3 の項目のほ

表 5.3　安全性要約書と SDS の項目比較

安全性要約書の項目例	JIS Z 7253：2019 による SDS の該当項目
要約	—
1. 物質の概要	1. 化学品及び会社情報
2. 化学的特性	1. 化学品及び会社情報，3. 組成及び成分情報
3. 用途と適用	1. 化学品及び会社情報
4. 物理化学的性状	9. 物理的及び化学的性質，10. 安定性及び反応性
5. 健康への影響	11. 有害性情報
6. 環境への影響	12. 環境影響情報
7. ばく露	4. 応急措置，5. 火災時の措置，6. 漏出時の措置，7. 取扱い及
8. リスク管理措置	び保管上の注意，8. ばく露防止及び保護措置，13. 廃棄上の注意
9. 法規制，GHS 分類，ラベル情報	2. 危険有害性の要約，14. 輸送上の注意，15. 適用法令
10. 連絡先	1. 化学品及び会社情報
11. 発行日，改訂日	16. その他の情報
12. その他の情報	16. その他の情報

かに SDS の項目に準じた応急措置，消火措置，偶発的放出に対する措置，廃棄処分に対する配慮，取扱いおよび貯蔵などの項目を記載することも可能です．SDS が化学品の GHS 分類に基づく危険有害性の伝達が目的であるのに対し，安全性要約書は，化学品が製造，運搬，使用，消費，廃棄される過程において，人への健康被害や環境への影響が生じないように，GHS 分類だけでなくばく露を考慮したリスク管理措置までの情報を伝達することを目標としています．

　日本で化学品に使用されている化学物質は数万種類に及び，有害性に関する情報が必ずしも十分にそろっていません．また，ばく露のされ方は，状況に依存するためケースバイケースです．このような場合，厳密な GHS 分類の実施や定量的なリスクベースでの管理が難しいと考えられることから，消費者製品のラベル表示などには有害性のランク表示などによるハザードベースでの管理（危険有害性情報の伝達による注意喚起）が，予防原則の観点から有効と推察されます（第 4 章 Q3，Q40 も参照）．

SDS の質の確保と人材育成

　SDS は，危険有害性の GHS 分類結果とその結果に基づく危険有害性情報や応急措置などに関する記述が必要です．事業者は，多数の自社の化学品の SDS を作成する必要がありますが，特に混合物としての化学品の GHS 分類の実施，法規制や有害性情報の改訂に伴う SDS の修正などの実施は，専門的な知識が必要と考えられます．SDS 三法に該当する約 3300 物質の GHS 分類結果が NITE 化学物質総合情報提供システム（NITE-CHRIP）[7] から公表されていますが，国内で流通している化学物質の数は，それよりもはるかに多く，事業者が自らの判断で化学物質や混合物である化学品の GHS 分類を実施することは容易ではないと考えられます．

　SDS 三法による法規制での整備や JIS による標準化，工業会を中心とした自主的な取組みの結果，サプライチェーンの川上側企業の間では SDS 制度は浸透してきています．一方，化学物質を含む化学品の製造を行う川中側企業や最終製品の製造を行う川下側企業の場合，SDS 制度を十分に理解，活用できていない可能性が示唆されます．特に中小企業の場合，第 2 章で触れたように費

用や人材の観点から SDS 制度への対応が不十分である懸念があります．また，「製品含有化学物質の情報伝達」（p.142），「情報の非対称性と営業秘密情報の開示」（p.145）の項で触れたように川上側企業から適切な情報が伝達されていない可能性もあります．

　GHS の分類方法や SDS への記載内容は，日本では JIS Z 7252：2019，JIS Z 7253：2019 によって統一されていますが，SDS は基本的に事業者が自らの責任において作成するものであるため，事業者間で SDS の記載内容は異なります．例えば，同種の化学品の SDS であっても，事業者ごとに GHS 分類に採用する情報が異なると，結果として GHS 分類が異なってくることや，SDS に詳細な取扱い情報を記載するか，反対に簡潔な内容にするかなど判断の違いが生じることがあります．このような SDS の品質の違いは，化学物質の危険有害性情報について，国内外でさまざまな情報源（無料の Web サイトで入手できるものから，有料の評価書，データベースなど多種多様です）があることから，その使い分けには専門的な知識（情報に対する信頼性の評価など）が必要とされることに由来すると考えられます．このため，情報の評価結果の違いが SDS の品質に影響するものと推察されます．

　SDS の品質のばらつきを少なくするために，化学物質管理の専門的な知識を持ち，主体的に取り組む意欲のある人材の育成が必要です．安衛法の政省令の改正で 2024（令和 6）年 4 月 1 日からリスクアセスメント対象物を製造，取扱い，譲渡提供をする事業場において化学物質管理者を選任する義務が施行されます．化学品を扱うすべての事業者にある程度の化学物質管理の知識は必要であり，化学物質管理の裾野を広くすることが，事故防止につながると思われます．化学物質管理者は，リスクアセスメント対象物を製造する事業場においては，専門的な化学物質管理者講習を修了する必要があります．また，リスクアセスメント対象物製造以外の事業場においては，化学物質管理者講習に準ずる講習を受講している者から選任することが望ましいとされました．このように社内外で状況に応じた化学物質管理の教育を受けた人材を増やし，その人たちが中心となり適切な SDS の作成と修正を実施することによって，化学品による事故のない世の中を実現することが重要であると思われます．社内で化学物質管理の教育をリスキリング（働く人の学び直し）として行うことも有効と考えられます．教育を受けた者の自己効力感やモチベーションが上がるだけで

なく，組織内でその知識と経験を水平展開し，教育し合うことによる相乗効果も期待できます．化学物質管理の専門人材を社外に頼るよりも社内で育成することは，その会社の財産にもなると考えられます．なお，社内で専門的な知識および経験をもつ者が乏しい場合は，社外の事業者などに職務を委託することも可能ですが，SDS の記載内容に間違いがないかどうかの確認やリスクアセスメントの手法およびリスク低減対策の選択などは，最終的には社内の事業者の責任で実施する必要があります．

安全を安心につなげるために[21]

　化学物質は，便利で快適な生活を送るうえで欠かせないものです．市場に流通している化学物質は数万種類に及ぶとされ，私たちは，意識するしないにかかわらず，産業活動や日常生活において多くの化学物質を利用し，その恩恵に浴しています．一方，化学物質を使用する際にばく露することで直接的に影響を受けるだけでなく，環境中に排出することで間接的に生態系や人の健康に影響を及ぼしているおそれがあります．化学物質は，これまでの法規制による管理から，SDS で伝達された有害性情報にばく露を考慮したリスク評価（リスクの大きさは，有害性×ばく露量で表される）による自主管理へ変わりつつあります．

　リスク評価による化学物質の管理には，さまざまな価値判断が存在することやリスク認知の問題があり，合意の形勢が難しくなる場合があります．科学的手法によって客観的に行われたリスク評価の結果から人々が感じるリスクには差があります．未知のもの，情報が少ないもの，よく理解できないもの，自分でコントロールできないものに関するリスクは実際よりも大きく感じられ，便利で利益が明らかなものや，自分でコントロールできるものに関するリスクは実際よりも小さく感じられる傾向があります．リスク認知のバイアスは，科学的な判断ではなく直感的なヒューリスティック（経験則）による判断に依存することが多いものです．このように化学物質に関するリスク認知は，社会心理学の領域であり，化学物質のリスクコミュニケーションには，正確な情報を伝えることのほかに，人の認知特性にも考慮して実施する必要があると考えられます．化学物質のリスク評価の結果について，リスクコミュニケーションの成

否は，リスク評価・管理者に対する信頼の問題に帰結します．情報の受け手が対話に参加することでリスク認知のバイアスを減らし，情報の送り手であるリスク評価・管理者が否定的な内容も情報の受け手へ的確に伝えることで信頼を高め，また双方向のコミュニケーションによって，互いの関係を良好なものとすることが重要であると考えられます．リスク評価・管理に従事する専門家は，リスクに曝されている人々の心理面も含めて理解することが必要です．相手の立場や心の動きを理解しようと努力することがリスクコミュニケーションには大切です．相手の立場を理解することは難しい問題ですが，他者の心の動きを読むという能力は，人間が持つ高度な能力です．リスクコミュニケーションにおいても，相手の立場を理解することができれば，信頼感を得ることに有効であると考えられます．

　リスク評価を行えば答えは1つに決まるわけではなく，有害性の閾値がない化学物質の場合は，ばく露があればゼロリスクではないことや完全に安全を証明することが不可能である以上，リスク評価の結果から推定されるリスクの度合いに応じ，受け入れるリスクの程度を社会的に判断し決定する必要があります．そのために，リスク間のトレードオフや，リスクとコスト間のトレードオフなども含めたリスク評価・管理と，それに続くリスクコミュニケーションの実施が今後重要になります．

第5章参考資料

1) 国際連合広報センター，持続可能な開発目標（SDGs）とは，https://www.unic.or.jp/activities/economic_social_development/sustainable_development/2030agenda/
2) Commission Regulation（EU）2020/878, https://eur-lex.europa.eu/legal-content/EN/TXT/HTML/?uri=CELEX:32020R0878&from=EN
3) United States of Department of Labor, Hazard Communication, https://www.osha.gov/dsg/hazcom/
4) OSHA's Proposed Rulemaking to Amend the Hazard Communication Standard, https://www.osha.gov/hazcom/rulemaking
5) United Nations Economic Commission for Europe（UNECE），GHS implementation, http://www.unece.org/trans/danger/publi/ghs/implementation_e.html
6) 製品評価技術基盤機構，NITE 化学物質総合情報提供システム（NITE-CHRIP），https://www.nite.go.jp/chem/chrip/chrip_search/systemTop
7) Globally Harmonized System of Classification and Labelling of Chemicals（GHS Rev. 10, 2023），https://unece.org/transport/dangerous-goods/ghs-rev10-2023
8) European Chemicals Agency（ECHA），Candidate List of substances of very high concern for Au-

thorisation, https://echa.curopa.cu/candidate-list-table
9) European Chemicals Agency（ECHA），Authorisation List, https://echa.europa.eu/authorisation-list
10) European Chemicals Agency （ECHA），Substances restricted under REACH, https://echa.europa. eu/substances-restricted-under-reach
11) 環境省，第五次環境基本計画（平成 30 年 4 月 17 日閣議決定），https://www.env.go.jp/press/ 105414.html
12) 北野 大 編著，「なぜ」に答える 化学物質審査規制法のすべて，化学工業日報社（2017）.
13) 日本化学工業協会，レスポンシブル・ケア，https://www.nikkakyo.org/work/responsible_ care/436.html
14) 厚生労働省，化学物質のリスクアセスメント実施支援（職場のあんぜんサイト）， http://anzeninfo.mhlw.go.jp/user/anzen/kag/ankgc07.htm
15) アーティクルマネジメント推進協議会（JAMP），chemSHERPA，https://chemsherpa.net/
16) アーティクルマネジメント推進協議会（JAMP），管理ガイドライン（chemSHERPA）， https://chemsherpa.net/docs/guidelines
17) Organisation for Economic Co-operation and Development （OECD），OECD Due Diligence Guidance for Responsible Business Conduct, https://mneguidelines.oecd.org/due-diligence-guidance-for-responsible-business-conduct.htm
18) COMMISSION REGULATION （EU）2017/542, https://eur-lex.europa.eu/legal-content/EN/TXT/?uri=celex%3A32017R0542
19) 日本石鹸洗剤工業会，GHS 表示 業界自主基準，http://jsda.org/w/01_katud/ghs_01.html
20) 日本化学工業協会，JCIA BIGDr，https://www.jcia-bigdr.jp/jcia-bigdr/top
21) 吉川治彦，心理学ワールド，78，47(2017)．https://psych.or.jp/wp-content/uploads/2017/09/78-47.pdf

✛✛✛ コ ラ ム ✛✛✛✛✛✛✛✛✛✛✛✛✛✛✛✛✛✛✛✛✛✛✛✛✛✛✛✛✛✛✛✛✛✛✛✛✛

レジリエンスとは？

　レジリエンスとは弾力性，復元力，柔軟性などの概念で物理，心理，環境などの分野で用いられる用語です．安全マネジメントの分野では，変化する状況で適切に対応する臨機応変な能力のことです．James Reason は，著書"Managing the risks of organizational accidents"（邦訳：高野研一・佐相邦英 訳，「組織事故」，日科技連（1999））の中で，安全文化が形成されるには 4 つの要素が必要であると提唱しています．それは，① 報告する文化，② 正義の文化，③ 柔軟な文化，④ 学習する文化の 4 つです．この中で，「柔軟な文化」はレジリエンスに関係しており，予見性を働かせ総合的に考えること，自律して最善を尽くすこと，心理的安全性（他者の反応を気にせず自分の考えや感情を気兼ねなく発言できる状態）が保たれていることなどが事故の未然防止に有効であるとされます．改正された安衛法の政省令は，「個別規制型」から「自主対応型」（「自律的な管理」）へレジリエンスな法規制に変化したといえるのではないでしょうか．

✛✛✛

自己実現理論

　米国の心理学者 A. H. Maslow は，人間が自己実現に向かって成長しようとする欲求は 5 段階の階層に分かれているという欲求 5 段階説を提唱しました．この理論では，低次の生理的欲求（生命維持）が満たされると，次の安全の欲求を求めるようになります．化学物質の管理や危険有害性の情報の伝達は，危険回避であり，この安全の欲求に関連します．この段階が満たされるとさらに，高次の階層である親和の欲求（集団への帰属），尊厳の欲求（集団で認められ尊敬される），自己実現の欲求（能力を発揮して自己成長を遂げる）の段階へ進むようになります．このように，人間の欲求には，階層構造があり順序性があり，化学品を適切に管理し，事故を防止しようとする安全の欲求は，自己実現を目指す人間の欲求の中の初期段階の 1 つとして存在するもので，自己成長のスタートとしても重要なものと考えられます．

　さらに，Maslow は，一番上の自己実現の欲求のさらに上に 6 段階目の「自己超越の欲求」があると発表していたことはあまり知られていません．この段階は，他者から認められたいといった外発的な動機による欲求ではなく，ただ達成したい目標に向けて努力することでより完全な人間へ成長しようとする内発的な動機による欲求です．他者から見返りを求めず社会のために目的を達成しようとする欲求で，人間の成長と発展の動因に関係していると考えられています．

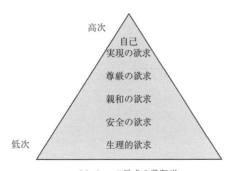

Maslow の欲求 5 段階説

あ と が き

　私は，大学では有機合成化学や光反応などの基礎研究を行い，1989年にメーカーに就職し，主に研究所で蛍光体，半導体素子，液晶，ハードディスクなどに使用する材料の研究開発を行った後，化学系の財団法人において，製品の事故原因究明のための分析試験，化学物質の危険有害性，ばく露とリスク評価などの研究，GHS分類やSDSの作成などの業務に携わりました．SDS三法にGHSが導入された当初から，GHSの省庁連絡会議などにおいて政府のGHS分類にもかかわり，1,2-ジクロロプロパンのGHS分類にも関係しました．その際，当時得られていた有害性情報からの判断では，第1章で述べたように，人への発がん性の分類をするための情報が必ずしも十分ではなく，区分外とする事態に遭遇しました．その後，この化学物質を含む化学品にばく露された方々が胆管がんを発症したことを知り，的確な危険有害性情報の伝達の重要性を強く認識しました．そして，化学の基礎研究から製品開発，事故原因の究明，安全性評価までの自身の経験が，化学品による事故をなくすために役立つかもしれないと考えるようになりました．

　2019年5月，令和という新しい時代が始まりました．化学物質の管理は，化審法などによる法規制に依存した昭和時代から，平成時代にはGHSによる自主的なリスク評価による管理へ移行する道筋が示されました．リスク評価による管理は，WSSDで目標とされた2020年には，まだ道半ばであり，次の目標であるSDGsの2030年へ向けて，令和の時代に引き継がれていきます．平成時代の約30年間は，私が化学を生業としてきた時期とちょうど重なり，この間の変化は，感慨深いものがあります．GHSに対応したSDSの作成は，正確な危険有害性情報の記載がリスク評価に必要であることから，最新の情報への修正にも対応できる柔軟性ある評価能力が作成者へ求められるようになり，品質の確保が課題となりつつあります．今後は，専門家へ依頼してSDSを作成する時代から，各社，各個人が能力を高め，主体的に作成し，修正していく

時代に移行すると考えられます.

　第13次の労働災害防止計画の中には，高校，大学などと連携した安全衛生教育の実施や安全衛生専門人材の育成が含まれています．化学品を取り扱う事業者のみならず，大学の理工系学部の学生を対象とした安全衛生に関する知識を体系的に教育するカリキュラムの実施も望まれています．私は，公官庁および民間での実務者向けのセミナーを行う傍ら，大学の教員としても教育活動に携わっており，本書の内容は，授業でアクティブラーニングなどを行う際のケースメソッドとしても活用できると考えています.

　GHSの分類，SDSやラベルの作成には専門的な知識が必要であり，AIによるツールやシステムを上手に利用することは，大変有効です．しかし，AIやビッグデータは，過去の情報や状況を分析するだけです．もちろん，過去の教訓や蓄積された情報を活用し，参考にすることは重要ですが，私たち人間には，さまざまな経験を踏まえ，将来を予見する能力があります．その予見力を磨き，SDSの作成に活かさなければなりません．これから，私たち人間には，システムで作成したSDSの信頼性や整合性などを検証する能力が求められることでしょう．そのような能力を育成するには，化学物質の管理が研究開発や安全文化の一部でもあることを考えると，少なくとも化学物質に関する研究，開発，分析，技術営業などの実務を10年程度経験することが有効ではないかと思います．短期的な成果を求めることよりも，ある程度長期的に濃密な経験をすることから得られる知識やスキルがそれ以降の成長へつながり，その人の「ぶれない軸」となります．経験したさまざまな達成感，失敗経験，関係性，多様性の中で磨かれた使命感は，すべての営みへつながる宝物です．これらの経験から育まれたすばらしい想像力，問題点発見力と解決力，意思決定力などは，AIが持ち得ないもので，これからの時代の「最善解」や「納得解」を導き出す能力に違いありません.

　本書を最後まで，お読みいただきありがとうございました．最後にピエール・キュリーのノーベル・レクチャーでの言葉を胸に刻みたいと思います．
　「この発見は，将来に不安をもたらすかもしれない．私は信じよう，人類の良識ある判断を.」
　キュリー夫妻の放射性元素ラジウムの発見で，先に研究を進めていた妻マ

リーへの夫ピエールの協力が奏功したことはよく知られています．これから私たちは，持続可能な社会を実現するために属性を越えた協力で SDGs の 17 目標を達成していかなければなりません．私たちの生活で欠かせない化学物質を利用するすべての人々が今よりもっと安心できるような社会を皆で実現するために．

　本書の執筆にあたり，多くの皆様のご指導とご協力，激励をいただきましたことに感謝いたします．また，本書が出版できたのは，企画から編集までお力添えいただいた，丸善出版株式会社の諏佐海香さん，長見裕子さんのおかげです．本当にありがとうございました．

　私を 25 年も支えてくれている妻である吉川レイ子さん，本当にありがとう！あなたの協力のおかげでこの本を書き上げることができました．

2019（令和元）年 8 月

吉川　治彦

第 2 版あとがき

　本書の初版が出版されてから約 4 年が経過しました．初版は多くの方々にご愛読いただき化学物質管理に些かでも貢献できたことを嬉しく思います．この間，社会だけでなく化学物質管理を取り巻く環境も大きく変化しました．

　SDS についても，初版で言及した化学物質を透過しない保護具の種類の記載や定期的な見直しなどが，図らずも安衛法の政省令の改正に盛り込まれることとなりました．改訂した本書がさらなる化学品のリスク低減に役立つことを期待したいと思います．

　最後に，本書の刊行を，大学の恩師である持田邦夫先生にご報告したいと思います．持田先生は 2022 年 2 月 5 日に永い眠りにつかれました．先生は研究化学の研究と教育の楽しさ，厳しさを熱意をもってご教授くださりました．先生のご冥福をお祈りいたします．

2024（令和 6）年 1 月

吉　川　治　彦

索　引

著者紹介
吉川 治彦 (きっかわ はるひこ)
1963 年生まれ
1989 年学習院大学大学院自然科学研究科化学専攻博士前期課程修了 (理学修士),三菱化学,日立製作所,化学物質評価研究機構主管研究員を経て,立教大学大学院兼任講師,帝京科学大学非常勤講師,SDS 研究会代表,日本心理学会認定心理士,労働安全衛生法化学物質管理者講習講師.

　主な著書は,「EU 新化学品規則　REACH がわかる本」(共著,工業調査会),「化学物質のリスク評価がわかる本」,「化学品の安全管理と情報伝達 SDS と GHS がわかる本」(いずれも共著,丸善出版),「国内外各国における SDS/ラベル作成の実務 (2021 年版)」(共著,情報機構).

Q & A で解決
化学品の GHS 対応 SDS をつくる本 第 2 版
改正安衛法,JIS Z 7252/7253:2019 準拠

令和 6 年 1 月 30 日　発　行

著作者　　吉　川　治　彦

発行者　　池　田　和　博

発行所　　丸善出版株式会社
　　　　　〒101-0051 東京都千代田区神田神保町二丁目17番
　　　　　編集：電話 (03) 3512-3263／FAX (03) 3512-3272
　　　　　営業：電話 (03) 3512-3256／FAX (03) 3512-3270
　　　　　https://www.maruzen-publishing.co.jp

ⓒ Haruhiko Kikkawa, 2024

組版印刷・中央印刷株式会社／製本・株式会社 松岳社

ISBN 978-4-621-30890-5　C 3058　　　　　Printed in Japan